# 餐桌上的调味百科

从调味、制酱到烹调，掌握配方精髓的完美酱料事典

**图书在版编目（CIP）数据**

餐桌上的调味百科 / 林勃攸,《好吃研究室》编著 . —北京：华夏出版社，2019.5（2024.7重印）

ISBN 978-7-5080-9676-6

Ⅰ . ①餐… Ⅱ . ①林… ②好… Ⅲ . ①调味料－基本知识 Ⅳ . ① TS264

中国版本图书馆 CIP 数据核字 (2019) 第 015989 号

**餐桌上的调味百科**

| | | | |
|---|---|---|---|
| 编　　著 | 林勃攸 好吃研究室 | 版　　次 | 2019 年 5 月北京第 1 版<br>2024 年 7 月北京第 3 次印刷 |
| 责任编辑 | 李春燕 | 开　　本 | 710×1000　1/16 开 |
| 美术设计 | 殷丽云 | 印　　张 | 25 |
| 责任印制 | 周　然 | 字　　数 | 240 千字 |
| 出版发行 | 华夏出版社有限公司 | 定　　价 | 108.00 元 |
| 经　　销 | 新华书店 | | |
| 印　　刷 | 北京华宇信诺印刷有限公司 | | |
| 装　　订 | 三河市少明印务有限公司 | | |

**华夏出版社有限公司**　网址 :www.hxph.com.cn　地址：北京市东直门外香河园北里 4 号　邮编：100028

若发现本版图书有印装质量问题，请与我社营销中心联系调换。电话：（010）64663331（转）

# 目录

## Part 2 调和调味品

## Part 3 常用调味辛香料

## 南洋经典辛香料



## 西式经典辛香料

## 作者序

# 懂得调味，让料理更有滋味

怎么做能让料理变好吃？烹煮时加匙盐、撒点胡椒、淋几滴油醋？调味不单只有一种方法，这些年教学时常有学生问："怎样才能煮出和餐厅相同的味道？"我想，选对食材很重要，适时适量运用调味料、制作酱汁，也一点都不能马虎。

17 岁入厨房当学徒，数十年来陆续待过多家大饭店，我也从一个爱料理的小伙子，一路磨炼到主厨的位置。期间还曾和好友黄光宇外派法国，在里昂的米其林三星大厨 Paul Bocuse 旗下餐厅 Le SUD 学习法式料理。8 年前转战餐旅大学，面对学生我倾力传授经验，辅导他们未来与职场衔接，过程中我也不断反思，和学生一起成长。

调味之于料理，是让食物更好吃的魔法。这次和好吃编辑部合著《餐桌上的调味百科》，希望能帮助爱好料理者及餐旅科系的学生、刚入行的师傅们，更了解调味和做酱的精髓，每道料理，都是增一分减一毫的配方实验，调出美味并不困难，这本全方位下厨必备料理书值得收藏。

这次除了感谢好吃编辑部的合作邀请，将我一直想出版的内容付诸实行，也要特别感谢我的学生——刘兆铭、杨诗培在拍摄期间的辛劳，更谢谢摄影师璞真跟奕睿，让美食从味觉感受提升到视觉飨宴，还有此刻正在看序的读者，希望您喜欢这本书。让我们一起练习调味，让料理更有滋味吧！

无国界料理人 林勃攸

# 自己做酱，调出美味记忆

小时候，外婆家的厨房就像百宝箱，神秘又令人好奇。有次拉着妈妈进去探险，酱油、米酒、油醋盐糖在柜上排排站，后阳台摆了几个大玻璃罐，盛装着外婆自酿的凤梨豆酱、甜酒酿、梅子，妈妈笑道："这些味道，我从小吃到大呢！"在外婆手中，调味无须复杂，简单几款调味佐料、辛香料，就能变化出令人难忘的好滋味。

近年健康意识抬头，加上食品安全风暴频传，"自己在家煮"再度形成一股风潮，开启人们重返厨房的契机。中国人做菜讲求色香味，想要调出美味，首先一定要理解风味。厨房的常备调味料看似寻常，背后却隐藏了繁复的学问，以酱油为例，原料可分黄豆、黑豆、豆麦，能酿出酱油、荫油、淡酱油、壶底油……本书引领读者进入调味的世界，详解各式调味料的特色，厘清相似调味品的同与不同，进一步延伸到自制酱料与美味菜肴，实用度十足，应用脉络清晰。

设计并示范食谱的林勃攸老师，拥有三十多年的厨师资历，对中西日南洋等各国饮食深刻了解，从调味料挑选、用途、制酱、料理到保存全部倾囊相授，帮助你更懂得掌控酸甜苦辣咸鲜的比例，让食物色香味俱全，"爱吃"更该"懂吃"，亲手调配出独一无二的美味记忆。

Kühne
A.Ta沙漠湖鹽
30%

# Part 1

## 一 基础调味品

天然纯粹的咸味来源

# Table Salt
# 食盐

腌渍 凉拌 各式烹调

想要替菜肴增添咸味，“盐”常是我们第一个想到的。食盐本身没有特别突出的滋味，却能被广泛运用在各式菜肴里，煮菜时适量添加能增添咸度，或是在甜食中加点盐可引出甜味、提升味觉层次。盐既能帮助入味，又有解腻、提鲜的效果，因此也有“百味之王”的美名。

不仅如此，盐对延长食物保存期限也有帮助，食物会变质是由于微生物滋长，与食物内含的水分、营养物质、酸度、温度密切相关。高盐分是利用渗透压造成食材脱水、水活性下降，导致细菌难以存活（如腊肉、腌菜、酱瓜等），借此达到防腐效果。

## 功能应用

**消除刺激感且防止氧化** 削好的凤梨块浸泡食盐水能抑制凤梨酶活性，降低对口腔黏膜、舌头的刺激感；还可将切好的苹果、水梨浸泡食盐水，防止表面氧化变黑。

**杀青除涩** 有些蔬果天生味道微苦、生涩，借由盐粒摩擦刮破蔬果表皮，使盐渗入组织去除涩液和生味，青梅、橄榄等苦涩味较重的蔬果，甚至必须长时间用盐浸渍才能杀青除涩。

## 保存要诀

- 盐类的吸湿性强，当存放环境过于潮湿容易潮解，反之，若存放环境过于干燥，又容易变硬结块。
- 盐类开封后应将袋口绑紧，或以密闭盒罐存放，置于无阳光直射、干燥阴凉处，并尽快使用完毕。

- 在外用餐时，常见餐厅的盐罐里放了少许的米，是因为米的吸湿性比盐更强却不会潮解，将米和盐放在一起能吸收水分，使盐常保干燥。

Check!

## 挑选技巧

1 食盐的色泽白而纯净、无杂质、颗粒粗细一致。

2 市售食盐多为袋装，海盐或其他盐类则常以罐装或小袋装贩售，基于卫生与保存条件考量，应优先选购有品牌、包装完整的产品。

3 留意包装标示之成分、注意事项、保质期、产地、厂商等资讯。

# 盐类风味比一比

盐是民生必需品，也是自然界普遍存在的物质，人体也存有一定比例的盐分（钠）以维持正常生理机能。根据形成过程，盐可简单区分为海盐、岩盐、湖盐、井盐四大类，另有一些不同制程、性状的盐，都以独特的个性替饮食增添风味。

## Sea Salt

# 海盐类

顾名思义，即以海水为原料制成的盐。有些地区会引海水入盐田，再借日晒及风吹蒸发水分获得结晶盐，另一种做法则是将海水浓缩蒸煮亦能取得海盐。

### 盐之花

有顶级海盐称号的“盐之花（Fleur de sel）”，以法国的盖朗德（Guérande，也译为给宏德）所产最负盛名。盐之花因颜色白、重量轻，漂浮在盐田水面上需手工轻采，珍贵且产量稀少。其咸味圆润有层次，较少用于加热烹煮，老饕常以新鲜蔬菜或优质牛肉佐盐之花，或制作焦糖、巧克力甜点时添加少许提升风味。

### 天然海盐

含微量矿物质的天然海盐，制作时需先将海水引入盐田，再经太阳暴晒结晶而成。然而近年来海水污染的问题层出不穷，购买前建议认明产地来源，并了解是否通过污染或重金属检测合格。

粗粒海盐

## 盐片

盐片也被称为盐花，是浮在盐田水面的片状结晶盐，早期的盐工会将盐片敲碎让它随矿物质一起沉淀，后来发现盐片的咸度较低、风味有层次，是很不错的调味品，于是便开始人工采集贩售。除了海盐片，尚有一些地区生产河盐片。

## 冲绳雪盐

日本冲绳县的宫古岛市，出产一种细白如雪、颗粒细致、口感柔和的盐，人们依外观特征为其取名“雪盐”。当地透过珊瑚石灰岩地质过滤深层海水，孕育出保留天然矿物质的雪盐，除了烹调时添加调味，也有商家衍生出柚子、抹茶、紫苏、山葵等独特口味的雪盐，适合搭佐不同的餐食。

法国海盐

# Rock Salt
# 岩盐类

岩盐有“盐的化石”之称，因远古时代经历地壳板块变动形成海水湖，随时间流逝、海水蒸发，逐渐沉积、堆叠、固化而造就了岩盐矿。

## 火山盐（红、黑）

夏威夷和冰岛独特的火山地形，产生了深具特色的黑盐或红盐，含多种矿物质及微量元素。黑盐里有些许火山灰，入口会浮现独特的烟熏香气，很适合搭配烧烤牛排、鸡肉等肉类，而红盐则可用来烤鱼、贝类，突显海鲜的鲜甜层次。

## 玫瑰盐

市面上的玫瑰盐多来自喜马拉雅山脉及安第斯山脉，因似玫瑰般的淡橘色、粉红色、橘红色而得名，诱人的色泽归因于内含较高的矿物质（铁质），常用以搭佐牛排、鱼肉，或制作调酒专用的盐口杯，色味俱全。

玫瑰盐

Other

# 其他

除了食盐、海盐、岩盐外，日常里还有哪些不同种类、不同制法的盐呢？

## 藻盐

讲究饮食细节的日本人，循着天然环境与手制传统，生产了许多别具特色的名盐。以日本淡路岛知名的藻盐为例，职人将海藻浸于海水中炼制具海藻味的藻盐，据说利用藻盐煮汤或烹调海鲜，能让料理滋味更鲜醇。

## 湖盐

湖盐也称池盐，多产于干燥地带，远古时代经历地壳或陆地变动，使海水封闭在内陆形成海水湖，后续水分蒸发、浓缩成咸水湖，日积月累进一步形成湖盐。湖盐产地如智利、澳洲、美国犹他州等，中国亦有内陆湖生产湖盐。

竹盐

## 竹盐

将海水日晒制成的天日盐放入竹筒，再用洁净的黄土将两端封口，之后反复烧烤数次即能获得浅棕色或浅灰色的竹盐。竹盐适用于煎、煮、炒等烹调方式，也可撒在用于烧烤的食物上增添风味。

## 犹太盐

犹太盐（kosher salt），也称祝祷盐或洁净盐，根据犹太教的饮食文化制作，来源和用途众说纷纭，有一说法认为犹太盐用于处理符合犹太教规的肉类，拿来清洗肉上的血水。犹太盐的颗粒稍粗、形状不规则，因味道不会过咸、气味温和不刺鼻，被认为最能保留食物原味，深受许多厨师喜爱。

## 井盐

井盐又称泉盐，因独特的地质条件，让原本存于地层的盐质溶解成卤水，人们透过凿井取得地下盐泉，再进一步制成井盐。中国四川的自贡井是井盐的产地，明朝宋应星的《天工开物》一书中也对四川井盐有所记载。

犹太盐

专栏

# 自己动手做开胃腌渍小菜

**如何保存**

做好的台式泡菜室温下可放置 1-2 小时，冷藏 1-2 周。

# 台式泡菜

### 材料

卷心菜.......... 750g
蒜头.............. 50g
红辣椒.......... 24g
胡萝卜 .......... 125g
小黄瓜.......... 125g
冰糖.............. 200g
粗粒海盐 ...... 60g
糯米醋.......... 300mL
水.................. 200mL
冷开水.......... 2L

### 做法

1 卷心菜洗净切块，胡萝卜、小黄瓜切薄片，蒜头去皮拍扁，红辣椒切斜片备用。

2 取一锅，将水和冰糖溶解煮开，放入拍扁的蒜头、糯米醋，再一次煮开后关火放冷。

3 将切好的卷心菜叶放入粗粒海盐中先抓匀腌渍，再放胡萝卜、小黄瓜片一起拌匀腌渍 1 小时，每隔 15 分钟翻动搓揉一次，至卷心菜出水后，将卷心菜用冷开水洗过并沥干水分。

4 最后将步骤 2 煮好的醋汁，倒入卷心菜里腌渍并放入冰箱，2 天后即可食用。

Tips

泡菜属于发酵类食物，做好后可先在室温中放置一下，因为这个温度下乳酸菌等微生物活跃，会让食物自然变酸，可不是变质坏掉哦。

专栏

# 自己动手做开胃腌渍小菜

**如何保存**

做好的黄金泡菜室温下可放置 1–2 小时，冷藏 1–2 周。

# 黄金泡菜

**材料**

大白菜.......... 1.2kg
蒜头.............. 30g
粉姜.............. 15g
胡萝卜 .......... 120g
南瓜.............. 120g
青葱绿.......... 50g
红辣椒.......... 12g
橄榄油.......... 15mL
辣豆腐乳...... 25g
苹果醋.......... 100mL
鱼露.............. 30mL
盐.................. 30g
芝麻油.......... 80mL
白砂糖.......... 80g
冷开水.......... 2L

**做法**

1 大白菜对切两次（四大块），洗净沥干。加入盐，用手搓揉挤压大白菜叶片约1小时至大白菜出水，再将大白菜以冷开水冲洗后沥干水分。

2 胡萝卜、南瓜去皮切片，用橄榄油炒出香味，放入果汁机，加蒜头、姜、红辣椒、辣豆腐乳、苹果醋、鱼露、白砂糖、芝麻油，用果汁机打成泥状。

3 青葱绿切成葱花备用。再将泥状酱汁均匀涂抹到每片大白菜叶正反面，抹好后再拌入青葱绿，放进冰箱冷藏4小时即可食用。

Tips

大白菜不宜切太小，以免腌渍久了容易变烂影响口感。若果汁机用完有异味，可加入柠檬水打30秒即可去除味道。

专栏

# 自己动手做开胃腌渍小菜

**如何保存**

做好的辣萝卜室温下可放置6–8小时，冷藏2–3周。

# 腌辣萝卜

## 材料

白萝卜........... 750g
蒜头.............. 15g
盐.................. 25g
辣豆瓣酱...... 30g
米醋............. 20mL
白砂糖.......... 30g
高粱酒.......... 15mL
酱油............. 7.5mL
香油............. 45mL
冷开水.......... 2L

## 做法

1. 白萝卜洗净不去皮，切成厚 1 厘米、长 5 厘米的条状。蒜头去皮切末备用。
2. 将盐撒在切好的白萝卜上拌匀，用重物压，静置一晚待白萝卜出水，再用冷开水稍微清洗，装入棉布袋扭干。
3. 玻璃容器内放入蒜头末、辣豆瓣酱、米醋、白砂糖、高粱酒、酱油、香油，搅拌至糖溶化再把白萝卜放入腌渍 2–3 天即可食用。

Tips

把萝卜漂亮的表皮留下来腌渍才有脆度，多次搅拌比较容易入味。腌渍物爽口美味，是餐桌上少不了的开胃小菜，自制最安全卫生，也更能不计成本讲究品质用料。

专栏

# 自己动手做开胃腌渍小菜

**如何保存**

做好的腌梅室温下可放置 1 年，冷藏 1–2 年。

# 酸甜腌梅

### 材料

六七分熟的青梅 ... 3kg
冷开水 .................. 3L
水 .......................... 2L
盐 .......................... 600g
白砂糖 .................. 2kg

### 做法

1 将青梅清洗干净，撒上粗盐搓至稍微变软。
2 将梅子放入盆中，加冷开水淹过梅子表面，浸泡 3 天。
3 将梅子捞出滤干水分。放入玻璃容器里，另将砂糖和水煮成糖液放冷，再倒入容器里加盖腌渍，静置约 6 个月待其入味再食用。

Tips

腌渍过程中，有时会出现白色漂浮物——醋酸菌，不需要太担心，先把醋酸菌捞起丢掉，再把汤汁倒出，煮沸放凉再倒回玻璃容器里继续腌渍即可。

糖类

—

Sugar

# 熟成时散发的香甜滋味

自然界许多蔬果，成熟时都会自然散发香气、甜味，生物学家研究认为，“除了猫以外的动物，几乎都嗜甜”，因为人与动物的味觉天生具趋避性，会趋向浓郁、香甜、好吃的食物，自动排斥苦涩、尖酸、难闻的味道。

全球的糖类中，超过七成的原料为甘蔗，其余从甜菜等高含糖农作物萃取提炼而来。精炼蔗糖时，会经过“溶解→去杂质→多次结晶炼制”的程序，分离出糖蜜，留下精制糖。除了以蔗糖为主原料的白砂糖、黄砂糖、冰糖、黑（红）糖、方糖等，日常接触的糖类还有果糖、麦芽糖、蜂蜜、椰糖、棕榈糖等，各自以独特的色泽、质地、香气、风味，替生活增添甜蜜。

| | |
|---|---|
| 分蜜糖 | 白砂糖：细砂、特砂 |
| | 黄砂糖 |
| | 冰糖 |
| | 晶冰糖 |
| | 糖粉 |
| | 方糖 |
| 含蜜糖 | 天然：黑／红糖（粉状） |
| | 加工：黑糖粒、黑糖块、黑糖砖 |
| 其他 | 麦芽糖 |
| | 果糖 |
| | 蜂蜜 |
| | 枫糖 |
| | 椰糖 |
| | 棕榈糖 |
| | 海藻糖 |

White Sugar

# 白砂糖

腌渍 凉拌 所有烹调 糕点烘焙 甜汤 饮料

砂糖呈现的颜色，取决于加工精致程度，我们常用的糖类中，以白砂糖和冰糖色泽最白（纯度达 99.6% 以上），其次是浅黄棕色的黄砂糖（二砂），颜色较深的则是保留较多矿物质的红糖与黑糖。

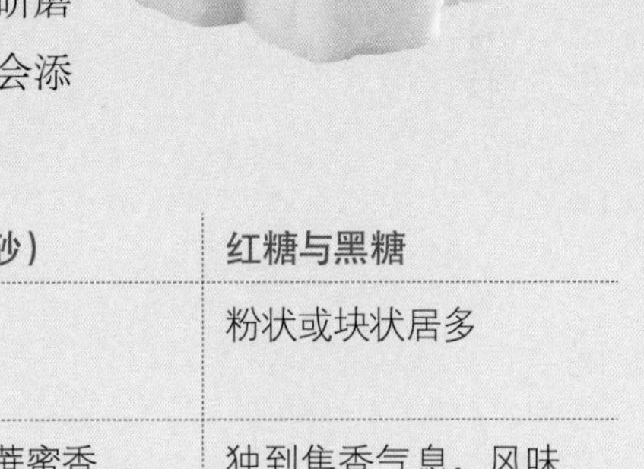


## 糖粉、海藻糖与方糖

质地细致的白色糖粉（糖霜粉），其实是研磨更细的白砂糖，但因粉末极细易受潮，所以会添

| | 白砂糖 | 黄砂糖（二砂） | 红糖与黑糖 |
|---|---|---|---|
| 形态 | 细颗粒为“细砂”<br>粗颗粒为“特砂” | 细砂状 | 粉状或块状居多 |
| 风味 | 白砂糖、冰糖的味道较单纯、干净 | 黄砂糖带甘蔗蜜香 | 独到焦香气息，风味独特 |

加淀粉（玉米淀粉，比例为3%~10%）避免结块，故甜度比砂糖稍低，常用于焙制点心或糖饰，使用前应先过筛。

外观和糖粉相近的海藻糖，常被误以为是人工代糖，其实它是不折不扣的天然糖类，甜度只有砂糖的一半、热量也较低，近年广泛运用于西点烘焙。

至于外观精巧方正的方糖，主要用途是替热饮调味，成分是单纯的蔗糖，只是将砂糖压缩成方形块状，便于保存与取用。

## 功能应用

**调味保湿** 调整甜味浓淡，部分中式菜肴也会加少许砂糖提味，且糖具有良好保水性，能维持湿润度，避免变硬。

**有助发酵** 糖分能帮助酵母发挥活性，拿面包的面团来说，酵母吃下糖分后会更有力气工作，能继续生产二氧化碳，促进面团发酵。

**保存防腐** 为了预防腐败，很久以前老祖先就懂得放入大量的糖或盐腌渍食物，原理在于透过渗透作用，使食材内部糖分或盐分与外界达到平衡，同时影响微生物的酵素活性，防止细菌滋生，腌渍后不仅风味独特，还能延长保存期。

## 保存要诀

· 开封后将袋口绑紧收入密封盒罐内，或直接倒入密封盒罐保存，置于无阳光直射的干燥阴凉处。

· 假使受潮结块，可将整块砂糖放入烤箱以130℃烘烤10分钟左右，烘烤时多留意状况，以免温度过高、时间过长导致焦黄。

Check!

**挑选技巧**

1 白砂糖色白且带结晶光泽，颗粒松散、干燥、无杂质，品尝或嗅闻都有淡淡清甜。

2 市售砂糖多为袋装，购买前请留意制造日期与保存期限，包装完整无破损，散装产品如标示不明、保存环境不佳应避免购买。

# A 糖醋酱

蘸酱 烧烤 海鲜 鱼肉 鸡肉 猪肉 牛肉 蔬菜 面饭 甜品 饮料

**材料**

水..................90mL
番茄酱..........90mL
白醋.............90mL
白砂糖..........120g
盐..................3g

**如何保存**

使用前适量制作即可。做好的酱室温下可放置 3–5 小时，冷藏 1–2 周。

**做法**

将水、番茄酱、白醋、白砂糖、盐放入锅里，用小火煮至溶化即可。

# B 客家金橘酱

**材料**

金橘.............600g
红辣椒..........12g
白砂糖..........250g
盐..................5g
米酒.............15mL

**如何保存**

可事先做好放起来，想吃随时取用。做好的酱室温下可放置 3–4 天，冷藏 2–3 周。

**做法**

1 金橘洗净，放入电锅蒸熟后对剖去籽。
2 准备果汁机，放入已蒸熟去籽的金橘、白砂糖、盐、米酒、红辣椒打成泥。
3 将打好的金橘泥倒入锅中用慢火煮，一边煮一边搅拌，煮滚即成。

Tips

如果不喜欢辣味，可将红辣椒省略。金橘也可以用金枣代替，甜度及咸度可自行酌量调整。

B

A

Tips

想要做好糖醋酱，比例掌握是关键，有了酸甜酱料的辅佐，还要突显主食材的鲜甜，料理才会好吃，所以正确的调味顺序为“先放糖，后放盐”，因盐会消除食材水分，并促使蛋白质凝固，导致糖的甜味无法充分融入，所以料理时要记得先放糖后放盐。

Tips

依各人喜好，可把鸡腿换成猪小排骨，做法不变。如果买不到甜豆，改用四季豆或豌豆荚也很合适。

# 橘酱烧鸡腿

### 材料

| | | | |
|---|---|---|---|
| 去骨鸡腿 | 200g | 橘酱 | 60g |
| 洋葱 | 80g | 番茄酱 | 40mL |
| 红甜椒 | 60g | 蚝油 | 30mL |
| 甜豆 | 50g | 酱油 | 15mL |
| 青葱 | 30g | 米酒 | 15mL |
| 粉姜 | 10g | 五香粉 | 3g |
| 水 | 150mL | 蒜粉 | 3g |
| 太白粉 | 15g | 白胡椒粉 | 3g |
| 沙拉油 | 15mL | 白砂糖 | 3g |

### 做法

1. 食材洗净，洋葱、红甜椒切块，青葱切段，姜切片，甜豆剥除老筋烫过备用。
2. 鸡腿切块，以五香粉、蒜粉、白胡椒粉、米酒、酱油、橘酱、太白粉腌过。
3. 起煎锅，放入沙拉油煎步骤 2 腌好的鸡腿块，先将鸡皮朝下煎至上色，再把洋葱、青葱、姜片放入一起炒，之后将腿块翻面，加番茄酱、蚝油、白砂糖、水焖煮至食材入味、汤汁变稠，最后放下红甜椒、甜豆大火拌炒收汁即可。

## Yellow Sugar

# 黄砂糖（二砂）

腌渍 蜜渍 制馅 甜汤 饮料

三温糖色泽与黄砂糖相似，带甘蔗蜜香，甜味浓郁，常用在日式料理和甜点上。

日本经典的高级砂糖代表，粉质极细、入口即化，主要用于制作精致的和果子点心。

甘蔗经压榨、去杂质、结晶等炼制过程，能获得色泽金黄的漂亮成品，正是常见的“黄砂糖”，也称作“二砂”，富浓郁的甘蔗蜜香。

整体而言，常用的固体糖类多是以甘蔗为原料炼制获得的结晶，因制作方式及精制程度不同，主要可区分“含蜜糖”、“分蜜糖”两类，如天然的黑糖就属于含蜜糖类，而黄砂糖则属于分蜜糖类，再精炼能获得白砂糖、特砂、细砂等，而冰糖、咖啡冰糖、晶冰糖、方糖等，也同属分蜜糖类。

## 功能应用

**有层次的自然风味** 与白砂糖相较，黄砂糖尝起来甜度更高、带自然蔗香，但甜味纯净度不如白砂糖。有的人会将白砂糖与黄砂糖相互代换使用，有时若料理或饮料、甜汤需要美观增色，就可使用黄砂糖。

**温和去角质** 虽非食用用途，但去角质也是砂糖的妙用之一喔，取适量砂糖加少许橄榄油混合成稠状，涂在需要去角质的部位轻轻搓揉再洗净，能达到去角质的效果。

## 保存要诀

· 黄砂糖的保存要诀与白砂糖相同，包装开封后应收入密封盒罐内，置于无阳光直射、干燥阴凉的地方存放。若包装袋、收纳罐里出现蚂蚁，表示可能已经变质，最好别再使用。

· 除非有营业用需求，不然糖或盐购买小包装就好，吃多少用多少，不占收纳空间也不必担心变质。

**挑选技巧**

1 正常状态下，黄砂糖的颗粒大小匀称松散、干燥无杂质，颜色金黄又带浅棕色，品尝或嗅闻的蔗香都比白砂糖浓郁。

2 市售砂糖多为袋装，购买前请留意制造日期与保存期限，包装完整无破损，散装产品若标示不明、保存环境不佳应避免购买。

## A 鸡尾酒酱

蘸酱 烧烤 海鲜 鱼肉 鸡肉 猪肉 牛肉 蔬菜 面饭 甜品 饮料

### 材料

大蒜……15g
香菜……10g
番茄酱……150g
酸奶……60g
梅林辣酱油……20mL
墨西哥辣椒水……10mL
柠檬汁……10mL
黄砂糖……5g

### 如何保存

可事先做好放起来，想吃随时取用。做好的酱室温下可放置2–3小时，冷藏1–2周。

### 做法

1 大蒜去皮、香菜洗净，皆切末备用。
2 将所有调味料搅拌均匀，再加入大蒜末、香菜末拌匀即可。

## B 蜜汁烤肉酱

蘸酱 烧烤 海鲜 鱼肉 鸡肉 猪肉 牛肉 蔬菜 面饭 甜品 饮料

### 材料

洋葱……60g
酱油……50mL
甜面酱……50g
红糟豆腐乳……50g
黄砂糖……10g
麦芽糖……30g
开水……50mL

### 如何保存

可事先做好放起来，想吃随时取用。做好的酱室温下可放置3–4天，冷藏2–3周。

### 做法

洋葱切碎末放入果汁机内，再加入所有调味料，打约30秒成泥即可。

Tips

依个人喜好可把香菜换成九层塔，优格也可换成美乃滋，不喜欢辣味者，墨西哥辣椒水可省略。

Tips

适合搭配猪肉、鸡肉、牛肉，如要放更久，打成泥后再煮过放凉，即可多放 2 天。

# Crystal Sugar

# 〈 冰糖 〉

卤 炖 红烧 熬酱 甜汤 饮料 入药

冰糖

晶冰糖

冰糖以蔗糖为原料，经层层溶解、精炼之手续，形成外观晶莹的漂亮结晶，产生了“冰晶糖”的称号。

市售冰糖以白色最为常见也最常使用，有时亦可看到色泽偏黄的黄冰糖，或颜色偏琥珀色的红冰糖。由于冰糖属于性质稳定的单糖，食用后口腔内较不会有发酵的酸感，广泛被运用于烹饪、甜汤、饮料中，纯净淡雅的甜味，能替食材保留更多风味与口感。

## 功能应用

**制作甜汤** 冰糖的味觉感受不如砂糖甜，但纯度高、味道纯粹，很适合用于红枣银耳、冰糖莲子等甜汤，滋味清新淡雅又不影响食材特色。

**增添酱色** 为了替料理、卤味增添诱人可口的酱色（也称糖色，外观黑似酱油，能替食材裹上光亮色泽），会以酱油加冰糖拌炒，使用前加入适量拌炒就好。

**中医入药** 冰糖味甘性平，中医会用以入药，常见如冰糖炖梨就具有润肺止咳之效，能缓解无痰却干咳不止的症状。

## 保存要诀

· 包装开封后应收入密封罐内，置于无阳光直射、干燥阴凉的地方存放。

· 除非有营业用需求，不然冰糖购买小包装就好，适量购买并尽早食用完毕。

1 冰糖的甜味单纯清新，颗粒大小不一，内无明显杂质，嗅闻起来清甜无异味。

2 市售冰糖袋装、罐装皆有，购买前请留意制造日期与保存期限，包装完整无破损、无不明杂质，散装产品若标示不明、保存环境不佳应避免购买。

## A 冰糖香卤汁

蘸酱 烧烤 海鲜 鱼肉 鸡肉 猪肉 牛肉 卤蛋 面饭 猪脚 豆干

### 材料

水.................3L
米酒.............150mL
青葱.............40g
老姜.............30g
红辣椒.........24g
八角.............3 颗
陈皮.............5g
花椒粒.........5g
草果.............4 粒
沙拉油.........15mL
酱油.............250mL
冰糖.............80g
盐.................5g

放了陈皮、草果、花椒、八角四种香料。

### 如何保存

可事先做好放起来，需要时随时取用。做好的卤汁室温下可放置 8 小时，冷藏 1–2 周，冷冻 2–3 个月。

### 做法

1 青葱、姜、红辣椒洗净，以刀背稍微拍打。草果另外也先拍过。
2 起锅，放入沙拉油炒香青葱、姜、红辣椒。
3 再放入八角、陈皮、花椒粒、草果、冰糖，炒至有亮度倒下米酒、酱油、水、盐煮滚后关小火，约煮 45 分钟即可。

## B 冰糖桂花酱

抹酱 烧烤 海鲜 鱼肉 鸡肉 猪肉 牛肉 蔬菜 面饭 甜品 饮料

### 材料

干燥桂花......20g
水.................200mL
盐.................5g
冰糖.............300g

### 如何保存

可事先做好放起来，想吃随时取用。做好的酱室温下可放置 2–3 小时，冷藏 2–3 周。

### 做法

准备一锅，先放入水和冰糖、盐搅拌至完全溶解，之后转小火煮至变成浓稠糖浆，再放下干燥桂花拌匀即可关火。

Tips

卤汁用到的调味香料，除了在杂货店或干货店买，如量少可到中药行买，卤汁煮好后可先过滤，以免碎掉的香料难捞干净。

Tips

煮酱时火不要太大，很容易烧焦，干燥桂花可到中药行或干货店购买。

Tips

清洗猪脚时，猪脚毛一定要拔得很干净，这样吃起来过瘾，口感不受干扰。焖的时间越久，猪脚越烂越好吃。

# 冰糖香卤猪脚

材料

猪脚......................600g
水..........................1.5L
老姜片..................15g
冰糖香卤汁..........2.5L

做法

1 准备一锅，放入水、姜片、猪脚，煮滚后把猪脚拿起用水洗干净。
2 另将冰糖香卤汁烧开，放入烫过的猪脚，煮滚后转中火卤约 80 分钟即可。

# Brown Sugar
# 〈黑糖&红糖〉

腌渍 蜜渍 糕点 甜汤 饮料 姜茶

黑糖粉

有的人觉得，红糖与黑糖并不相同，但也有人认为是同一种糖，其实老一辈将这类红棕色的深色糖都归在“红糖”，“黑糖”一词则来自日本，像日本冲绳就以黑糖闻名，现今广泛将颜色深、香气重、熬煮时间长的糖称为黑糖。

传统制糖程序中，黑糖是第一道成品——甘蔗榨汁后过滤，熬煮时不断搅拌至水分收干，再放上冷却台继续翻搅即获得黑糖。因未经精炼与分蜜程序，留下较多蜜糖（杂质与矿物质），故营养价值比白砂糖略高，拥有独特炭烧香气，红棕色泽。

因黑（红）糖的重量重，甜度却没那么高，如果想以黑（红）糖代替食谱中的白砂糖，应增加黑（红）糖用量以达到预期甜度。

粉状棕榈糖的外观和黑糖十分相似，但颗粒更细致。棕榈糖是从棕榈树采集花汁制成，盛产于东南亚一代，主要分粉状、块状、膏状三种，香气独特。

## 〈 功能应用 〉

**可口焦香味** 咸味食物加一点糖，可增加味觉层次和丰富度，例如汉堡排煎熟起锅前，撒一小撮黑糖或红糖，汉堡排表面会变得油亮，尝起来甜咸带焦香。

**制作糕点** 黑糖与红糖具特殊的香气，常用于制作糕饼，能带来漂亮色泽、浓郁蜜香和甜味，替口感加分。

**甜汤好伙伴** 不管是锉冰还是香气四溢的豆花，甚至是暖身的姜茶，都可以淋上一匙黑糖蜜。黑糖或红糖独特、不死甜的香气，是搭配甜汤或饮料的好伙伴。

## 〈 保存要诀 〉

· 黑糖常见袋装或罐装，开封后应收入密封罐内，置于无阳光直射、干燥阴凉的地方存放，无须冷藏，良好的保存环境可避免潮解。

· 视使用频率适量购买，并尽早食用完毕。

1 市面上的黑（红）糖品牌众多，有标榜手工、有机、来自日本……请依需求选择信誉良好的品牌商品。

2 深棕色或红棕色是黑（红）糖的天然色泽，但现今时有耳闻商人将黄砂糖混合黑糖蜜再制成黑（红）糖贩售，消费者选购时应留意。天然黑糖多为砖状或粉末状，质地比砂糖湿润，甜味厚实带炭香。香气过浓或甜味厚重单调的黑（红）糖，则有人工合成的疑虑。

# A 黑糖姜汁酱

**材料**

老姜............. 130g
黑糖............. 400g

**如何保存**

可事先做好放起来，想吃随时取用。做好的酱室温下可放置 8 小时，冷藏 1–3 个月。

**做法**

**1** 老姜洗净切细末，放入锅里加黑糖混合均匀。
**2** 以小火加热，边煮边拌，变为浓稠即可关火。

# B 黑糖蜜

**材料**

水................. 140mL
黑糖............. 160g
麦芽糖.......... 80g
蜂蜜............. 40g

**如何保存**

可事先做好放起来，想吃随时取用。做好的黑糖蜜室温下可放置 8 小时，冷藏 3–6 个月。

**做法**

准备一锅，放入水、黑糖、麦芽糖，用慢火煮至溶化，后加入蜂蜜搅拌均匀即可。

Tips

姜皮所含的营养并不比姜本身逊色，所以煮祛寒姜茶等具药理功用的料理或饮品时，千万不要去皮哦。

Tips

煮到浓稠的黑糖蜜，如放冰箱冷藏须使用清洁干燥的汤匙挖取，保持黑糖蜜干净才能保存 3–6 个月。

# Malt Sugar
# 〈麦芽膏＆水麦芽〉

卤 烧 糕点 制糖 饮料 入药

古法制作的麦芽膏，主原料是小麦与糯米，发酵后再熬制成黄棕色、浓稠、有黏性的膏状，其性质温和、味道甘甜，甜度虽比一般食用糖低，却散发自然清新的麦芽甜香。

中医称麦芽膏为“饴糖”、“软饴”，认为真正以麦芽和糯米发酵熬制成的麦芽膏，具滋脾健胃、补气、止咳润肺的食疗功效，但体质湿热者应慎食，建议先询问中医师以发挥滋补食疗的效果。

透明无色的“水饴”、“水麦芽（麦芽水饴）”是由发芽米或麦芽淀粉制成，也常用其他淀粉含量较高之玉米粉、树薯粉为原料，特征是外观透明如水，呈黏稠膏状，在日本常用以制作和果子，许多手工糖也运用水麦芽为基底，赋予甜点光泽、滋味、透亮。

## 〈 功能应用 〉

**增色增稠** 提供甜味，裹覆食材的同时增添光泽。麦芽膏或水麦芽都具黏性，可增加饮食的黏稠度，如牛轧糖也添加了水麦芽，使之口感香甜又有 Q 劲。

**中医入药** 中医认为，麦芽糖性温味甘，能补中益气、健脾胃、生津润肺，具有食疗之功效。但中气虚、体弱多病、体质湿热者应慎用。

## 〈 保存要诀 〉

· 以干净且干燥的餐具挖取麦芽膏，避免沾到水带菌变质。平时置于室内阴凉处存放即可，切勿放进冰箱，低温会导致变硬。

· 若冬季低温导致麦芽膏硬化，可以打开盖子整罐隔水加温软化。保存期限则依外包装标示为准，开封后尽快使用完毕。

1 购买时请挑选有信誉的品牌，并注意原料成分。

2 遵循古法制成的麦芽膏，必须先培育小麦草一周再使用，因前置作业时间长，愿意以传统手法制作的匠人越来越少，故现今有不少麦芽膏，是以淀粉加麦仔粉糖化而成。

## A 脆皮烧烤酱

蘸酱 烧烤 海鲜 鱼肉 鸡肉 猪肉 牛肉 蔬菜 烤鹅 烤鸡 烤鸭

**材料**

水................. 120mL
白醋............. 120mL
大红浙醋...... 120mL
麦芽糖.......... 80g

**如何保存**

可事先做好放起来，想吃随时取用。做好的酱室温下可放置 8 小时。

**做法**

准备一锅，放入水、白醋、大红浙醋、麦芽糖，以中小火煮至麦芽糖溶化即可。

## B 蜜汁地瓜酱

蘸酱 烧烤 海鲜 鱼肉 鸡肉 猪肉 牛肉 芋头 地瓜 甜品 饮料

**材料**

水................. 100mL
麦芽糖.......... 100g
黄砂糖.......... 90g
盐................. 5g
柠檬汁.......... 30mL

**如何保存**

使用前适量制作即可。做好的酱室温下可放置 2–3 小时。

**做法**

起锅放入水、麦芽糖、黄砂糖、盐，用小火煮开。再倒入柠檬汁拌均匀即可。

### 蜜汁烤地瓜

**材料**

地瓜 450g
蜜汁地瓜酱 250mL

**做法**

1. 地瓜削皮，切成粗长条状，泡水防止氧化变黑。
2. 准备一锅，放入蜜汁地瓜酱，再把地瓜条放入拌煮 10 分钟至均匀。
3. 把地瓜放在烤盘上，送入烤箱以 200℃烤约 25 分钟至上色肉熟即可。

Tips

因为内含麦芽，煮时火不能太大。大红浙醋可到大型超市或传统杂货店买，做好的酱不适合放冷藏、冷冻，因有麦芽成分遇冷容易凝固。

Tips

这道酱汁不适合放置冷藏、冷冻，因内含麦芽糖成分，遇冷就会凝固变硬，使用前少量制作即可。

Tips

鸡腿可替换成鸭腿或鹅腿，但烤法不同，鸭肉、鹅肉在烤的中途取出须静置等到皮风干后再涂抹脆皮烧烤酱，这样鸭皮、鹅皮才会脆。

# 脆皮烤鸡腿

### 材料

鸡小棒腿..............5 支（每支 100g）
盐..........................5g
白砂糖..................10g
五香粉..................2g
甘草粉..................5g
肉桂粉..................2g
三奈粉..................5g
脆皮烧烤酱..........80mL

### 做法

1 将盐、糖、五香粉、甘草粉、肉桂粉、三奈粉混合成香料粉。

2 棒腿皮先用牙签穿刺帮助入味，再抹上香料粉送入烤箱，以 220℃烤约 30 分钟。过程中，烤约 15 分钟时将棒腿取出涂抹脆皮烧烤酱，再入烤箱烤至剩最后 5 分钟时再拿出来涂一次，入烤箱烤至上色、皮脆、肉熟即可。

## Honey

# 蜂蜜

做酱 糕点 饮料 入药

顾名思义，蜂蜜是蜜蜂四处采集花蜜贮酿而成，多呈半透明的淡黄色、橘黄色或琥珀色，质地浓稠，有些微黏性，因来源天然、味道温醇淡雅而深受欢迎。有趣的是，蜂蜜的好滋味不仅人们喜欢，就连动物也爱，熊会袭击蜂巢趁机获取蜂蜜。

蜂蜜

蜂蜜的种类众多，各地盛产的蜂蜜种类亦有所差异，台湾以百花蜜（杂花蜜）、龙眼蜜、荔枝蜜、柑橘蜜、咸丰草蜜等较为常见，大陆则有槐花蜜、枣花蜜、椴树蜜等不同种类，蜂蜜的风味和品质因花蜜种类、纯度、产地等因素影响售价高低。

### 果糖

果糖的质地、浓稠度与蜂蜜相似，但颜色、气味、口感却大不相同。虽名为果糖，其实“人工果糖”即为“高果糖玉米糖浆（HFCS）”，主原料并非水果，而是玉米淀粉经酵素水解、转化制成糖浆，因易溶解于液体中，常用于调制饮料和甜汤。

## 功能应用

**增添风味** 蜂蜜常代替砂糖、果糖替饮料调味，但蜂蜜富含营养素，不宜经高温冲调或熬煮，以免营养素遭到破坏。

**润燥通肠** 中医认为蜂蜜性味甘、平，能补中润燥，对改善干咳、腹痛、便秘有帮助。

## 保存要诀

· 蜂蜜的水分含量少，细菌、酵母菌都无法在其中存活，所以只需放置室温下的干燥阴凉处保存即可，不必收入冰箱。

· 婴幼儿的肠胃功能尚未发育健全，为避免蜂蜜内含的肉毒杆菌孢子引发中毒，一岁以下的婴幼儿绝不可食用蜂蜜。

1 气泡不易消散：透明宝特瓶中倒入适量蜂蜜和开水（约 1：11-12 之比例），均匀摇晃至蜂蜜溶解，真蜂蜜水色浑浊，表面气泡细多且不易消散，假蜂蜜水色透明，表面气泡大又少且迅速散去。

假蜂蜜气泡少易消散，真蜂蜜气泡多且密

2 闻味观色：真蜂蜜具天然香气，假蜂蜜则是人工香料调制，味道甜腻单调不自然。其次可观察透光度，纯蜂蜜较不透光，手放在瓶后无法看清五指。另外，真蜂蜜放置一阵子，出现白色结晶沉淀为正常现象。

3 选择有信誉之品牌：找经验丰富的蜂农购买，或选择有信誉的品牌及商家，考量养蜂耗时耗力有一定成本，若价格过于低廉则要小心。

# A 蜂蜜芥末酱

蘸酱 抹酱 烧烤 海鲜 炸鱼 炸鸡 猪肉 牛肉 炸海鲜 面包

**材料**

蜂蜜............. 15g
黄芥末酱...... 60g
美乃滋.......... 60g
柠檬汁.......... 15mL

**如何保存**

可事先做好放起来，想吃随时取用。做好的酱可在室温下放置 2–3 小时，冷藏 3–5 天。

**做法**

准备一锅，放入美乃滋、蜂蜜、黄芥末酱、柠檬汁搅拌均匀即可。

# B 蜂蜜烧烤酱

蘸酱 烧烤 海鲜 鱼肉 鸡肉 猪肉 牛肉 蔬菜 抹酱

**材料**

青葱............. 30g
粉姜............. 20g
水................. 50g
酱油............. 160mL
蜂蜜............. 80g

**如何保存**

使用前适量制作即可。做好的酱室温下可放置 6 小时，冷藏 3–5 天。

**做法**

1 将青葱、姜洗净拍打过。
2 准备一锅，放入水、酱油、青葱和姜煮开后放冷，再拌入蜂蜜搅拌均匀即可。

Tips

外国人的聚会宴客菜单里，常会出现炸鱼条、炸鸡柳、炸海鲜的料理，通常是搭佐这道蜂蜜芥末酱，有时亦会拿来做三明治，涂抹在面包或馅料上，具有调味、湿润、乳化的效果。

Tips

甜甜咸咸的蜜汁烧烤酱，很适合搭配烤猪肉、鸡肉、牛肉、蔬菜等，蜂蜜不经过煮的程序，在酱汁放冷后再加入，是因为蜂蜜含有许多维生素、矿物质，省略加热步骤可多保留一点营养。

润滑口感与香气的来源

# Olive Oil

# 〈 橄榄油 〉

腌渍 凉拌 烧烤 烘烤 煎炒 所有烹调

橄榄油在地中海沿岸已有数千年历史，是以油橄榄鲜果实榨取而得的油脂，除了烹调的主要用途外，还可以被当作灯油或拿来润肤，因此，在西方被誉为“液体黄金”。

橄榄油除了零胆固醇，含单元不饱和脂肪酸及维生素 E、维生素 F、β – 胡萝卜素，具抗氧化能力，营养不易流失，适合生饮、凉拌、烧烤、煎煮、热炒及调制沙拉酱，常见于意大利菜、法国菜及沙拉等冷热料理，尤其用在腌肉上，可提升香气并软化肉质。国际橄榄油协会将初榨橄榄油分成三种等级，除了特级初榨橄榄油（Extra Virgin）不适合油炸外，其他多种烹调方式都适用。

## 〈 功能应用 〉

**调味食物** 以初榨橄榄油为基底，添加香草制成迷迭香橄榄油等香料油，可用在腌渍或炒菜，省去添加新鲜香草的步骤；还能加果汁制成柠檬橄榄油，或是加红酒醋等制成各种口味的油醋，调味水果或生菜沙拉，清爽无负担。

**保养护肤** 橄榄油能保护并滋润皮肤，因此常用来制造化妆护肤品、身体乳液、洗发精和手工皂。还能将食用橄榄油作为基底油，滴入少许精油后当按摩油全身使用。

## 〈 保存要诀 〉

• 常温下保存期限以外包装标示为准，开封后须紧锁瓶盖与空气隔绝，放在干爽阴凉处，避免日光照射。

| 等级 | 特级初榨橄榄油 | 初榨橄榄油 | 普通初榨橄榄油 |
| --- | --- | --- | --- |
| 英文名 | Extra Virgin Olive Oil | Virgin Olive Oil | Ordinary Virgin olive oil |
| 发烟点 | 约 190℃ | 约 190℃ ~ 200℃ | |
| 酸价 | 小于 0.8% | 介于 0.8% ~ 2% 之间 | 介于 2% ~ 3.3% 之间 |
| 说明 | 冷压初榨为第一等橄榄油，完全无添加或化学处理，味道芳香，营养素保留最多。 | 第二次低温榨取，含有较多游离脂肪酸，香气稍嫌不足，但仍留下淡淡的芳香果味。 | 酸价介于 2% ~ 3.3% 之间，品质稍差的橄榄油。若酸价超过 3.3%，即会被欧盟归入不可食用等级。 |
| 用途 | 生饮、沙拉、冷盘、清炒 | 沙拉、冷盘、腌渍、清炒、烘焙 | |

＊发烟点为油品加热达冒烟程度的温度。

1 市售橄榄油几乎全为进口，代理商必须明确标示等级才得以申请进口，购买时先确认是 100% 纯橄榄油、并非调和油后，再依个人烹调需求、价位考量选择适合的等级。

2 橄榄油讲究新鲜，油色呈墨绿色或金黄色，保存期限约 1 年，最好选择玻璃小瓶装，以避免存放过久导致氧化变质。

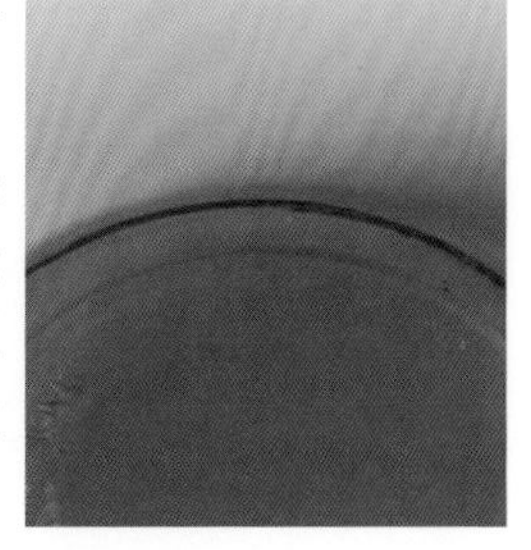

# 橄榄油大蒜酱

**材料**

蒜头………………100g
新鲜荷兰芹……3g
橄榄油…………120mL
盐…………………3g

Tips

这道酱的蒜味十分浓郁，很适合蒜味的重度爱好者。夏天天气热，做好的酱请记得收进冰箱存放，不然很容易变质。

蘸酱 烧烤 海鲜 鱼肉 鸡肉 猪肉 牛肉 面包 饭面

## 如何保存

可事先做好放起来，想吃随时取用。做好的酱室温下可放置 2–3 小时，冷藏 2–3 天。

## 做法

1 蒜头去皮，跟荷兰芹一起切成碎。
2 再把橄榄油、盐、蒜头碎、荷兰芹碎混合搅拌均匀，放置约 1 天待入味即可食用。

# 油渍蔬菜

**材料**

红甜椒..................60g
黄甜椒..................60g
小红番茄..............80g
橄榄油..................300mL
湖盐.......................8g
白砂糖....................2g
研磨黑胡椒...........3g

**做法**

1 红、黄甜椒洗净去籽切成三角形状，小红番茄洗净对切。
2 将切好的甜椒、番茄摆于烤盘上，撒上湖盐、砂糖、研磨黑胡椒，以100℃烤1.5小时取出。
3 将烤好的甜椒、小番茄放入橄榄油里浸渍即可。

**Tips**

可以加百里香、奥勒冈、罗勒等香料一起油渍，味道会更香。这里选用湖盐调味，更能衬托出蔬菜本身的鲜甜。

# Camellia Oil

# 〈 苦茶油 〉

凉拌 热炒 煎炸 烘烤 所有烹调

苦茶油是取新鲜苦茶籽，以低温冷压榨取的食用油，外用内服都有很好的功效。苦茶油未经高温处理的冷压初榨特性，可直接拌饭拌面，制作生菜沙拉或凉拌菜，例如茶油拌面。

其耐高温、稳定性高，发烟点约在220℃以上，不易起油烟，就算高温油炸也不会变质，所以热炒、煎炸、烘烤等烹调方式都很适合。尤其食材入烤箱前薄抹一层，可保持口感酥脆滑润、不易烧焦。

## 〈 功能应用 〉

**坐月子好油品** 苦茶油有独特的香气，含单元不饱和脂肪酸、茶多酚、维生素E及多种微量元素，是高营养价值健康油品，产妇坐月子时可先用苦茶油炖补调养，清香调味让料理清淡不油腻，不上火的特性不会影响伤口复原。

**舒缓胃疾** 苦茶油是养胃好食物，中医认为日日生饮一小匙初榨纯茶油，可达到保健肠道的效果，受胃疾困扰者，可咨询中医师的建议再实行。

## 〈 保存要诀 〉

· 常温下保存期限以包装上的标示为准，开封后需紧锁瓶盖，置于阴凉干燥处，如厨房橱柜内保存（不超过25℃），避免阳光直射。

· 平时存放或使用时，不要距离炉火太近，以免高温质变。夏季气温高，如厨房太过湿热，再考虑收进冰箱冷藏保存，遇低温会有白色结晶状，为正常现象，不影响使用。

Check! **挑选技巧**

1 市售苦茶油多以透明玻璃瓶包装，色泽金黄，油脂透明度高，闻来芳香无油哈喇味者优。

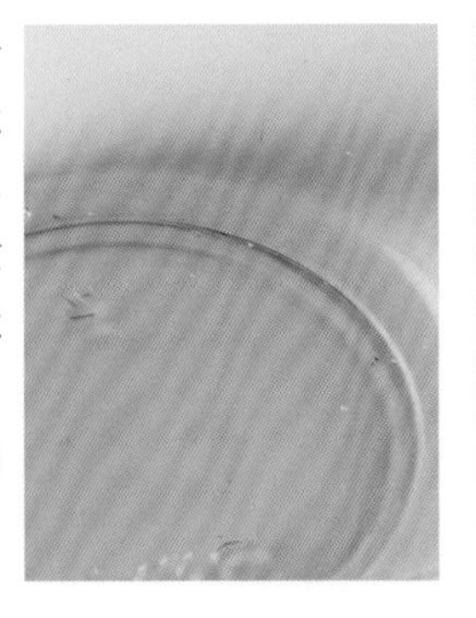

2 挑选第一道低温压榨的苦茶油，富大量不饱和脂肪酸及较多天然营养成分，也较无化学溶剂残留的疑虑。

3 如可倒出试用，建议滴在手上涂抹均匀，若能完全吸收不黏手，表示质纯，反之可能掺有其他油品。

# 苦茶油辣子酱

**材料**

朝天椒.......... 100g
黑豆豉.......... 50g
青葱............. 50g
萝卜干........... 50g
苦茶油.......... 200mL
海盐............. 5g
冰糖............. 10g

**Tips**

如果将做好的苦茶油辣子酱收入冰箱，从冷藏室拿出来使用前需先加热，重新把苦茶油的香味引出来。

蘸酱 烧烤 海鲜 鱼肉 鸡肉 猪肉 牛肉 面包 面饭

## 如何保存

使用前适量制作即可。做好的酱室温下可放 2–3 小时，冷藏 2–3 天。

## 做法

1 朝天椒洗净去蒂头切碎，青葱切成葱花，萝卜干切成丁。
2 取一锅倒下苦茶油后，加朝天椒碎以中火炒出香气，再放萝卜干、黑豆豉拌炒。
3 最后加入海盐、冰糖调味，并放入葱花炒出香味即可。

# 苦茶油辣子酱拌面

**材料**

鸡蛋面 .................. 150g
苦茶油辣子酱 ....... 适量

**做法**

1 取一锅放入适量的水，煮滚后把鸡蛋面烫熟，滤干水分盛入碗中。
2 再放上适量的苦茶油辣子酱，拌匀即可食用。

**Tips**

苦茶油辣子酱的香气诱人，除了苦茶油散发自然清香，豆豉、萝卜干、青葱、辣椒加热拌炒后味道紧密融合，独特香气加上鲜艳配色让人食指大动，是一道色香味俱全的美味酱料。鸡蛋面可替换成面线、意大利面，也可和热米饭拌匀，香辣的风味不变，简单的料理就能给味觉带来美好的享受。

## Sesame Oil

# 〈麻油 & 香油〉

凉拌 热炒 炖煮

麻油分“黑麻油”、“白麻油”、“香油”三种，都以芝麻榨油制成，因制程和原料不同，使颜色和香味有明显差异，用在料理中因发烟点低、不耐热，不适合油炸。

· 黑麻油：又名“胡麻油”，以黑芝麻为原料，经重火焙炒约七八分熟后热压榨油，深褐色泽，香味醇厚，属性温热，适合以中小火煎炒炖煮如麻油鸡、麻油腰花等食补料理，常用于妇女坐月子期间、天冷时炖补。坊间也有强调冷压初榨而成的黑麻油，虽较不燥热，但香气也较不浓郁。

· 白麻油：以白芝麻为原料，将白芝麻略炒干水气（一至两分熟）即榨取油脂，颜色较淡，气味清香，常用于凉拌，如拌面、拌青菜等，为料理滋润添香。

· 香油：以麻油与大豆油（或其他油）调和而成，淡褐色泽，味道清香，因麻油成分含量少，价格也稍低，常在烹煮完成前淋在菜肴或汤品上，几滴就有画龙点睛的提鲜增香效果。

### 保存要诀

· 纯麻油常温下可保存约 2 年，若混合其他油品约 1 年，请以包装上标示的保存方式和期限为准。

· 开封后需紧锁瓶盖，置于阴凉干燥处，避免存放冰箱。

1 挑选标示成分为 100% 的纯麻油，将玻璃油瓶对着光源，看看是否清澈透光。

2 麻油香气浓，但需注意黑麻油绝不是越黑越好，以嗅闻没有油臭味者为佳。

### 韩国麻油真的比较香吗?

韩式料理、小菜常会淋芝麻油，几滴就能让整盘菜肴香喷喷，因此有“韩国麻油比较香”一说，许多人出国还会专程买一罐回家，希望复制出一样的美味。韩国麻油的香气之所以迷人，是因为采用 100% 白芝麻油，而非调和过的香油，所以香气十分浓郁，地道的韩式烤肉吃法，还会直接将麻油与盐调和当蘸酱。

## A 香油蜂蜜酱
使用香油

蘸酱 烤肉 腌渍 鱼肉 鸡肉 猪肉 牛肉 蔬菜 饭面 鸡蛋

**材料**

熟白芝麻......5g
香油.............150mL
酱油.............50mL
蜂蜜.............30mL
柠檬汁.........15mL

**如何保存**

使用前适量制作即可。做好的酱室温下可放置6小时，冷藏2–3天。

**做法**

1 准备一锅，先放入酱油、蜂蜜、柠檬汁拌匀。
2 再慢慢加入香油搅拌，最后放熟白芝麻拌匀即可。

## B 麻油姜泥酱
使用黑麻油

蘸酱 烧烤 海鲜 鱼肉 鸡肉 猪肉 牛肉 蔬菜 饭面 鸡蛋

**材料**

老姜.............350g
黑麻油..........250mL
盐..................10g
白砂糖..........5g

**如何保存**

可事先做好放起来，想吃随时取用。做好的酱室温下可放置6小时，冷藏3–4天。

**做法**

1 老姜洗净磨成泥。
2 起锅放入老姜泥和黑麻油，用小火慢慢拌炒出辛辣味。
3 再加入盐、糖调味，搅拌至完全溶解即可。

Tips
香油蜂蜜酱可用于腌猪肉、鸡肉、牛肉，约腌渍 20 分钟待入味后即可烘烤。
A
B
Tips
老姜长得较大、皮较粗，属性温热，祛除风寒的能力佳，有助于暖和身体，冬天常用这道酱汁拌饭拌面，吃完会变得比较不怕冷。

# Edible Oil

# 常用料理油

凉拌 热炒 炖煮 油炸 所有烹调

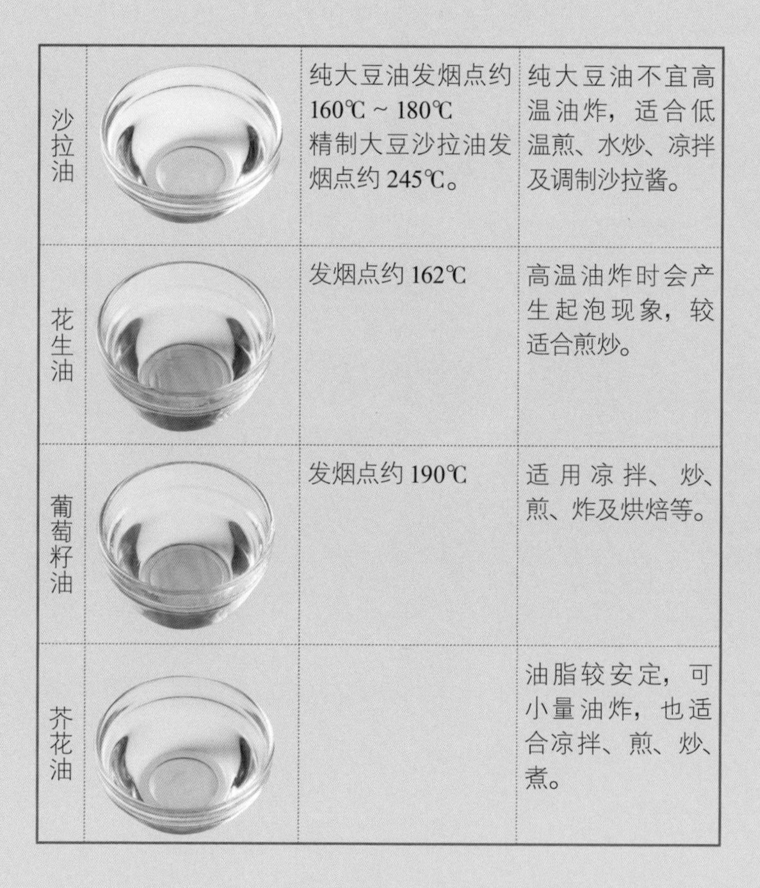

|  |  |  |
| --- | --- | --- |
| 沙拉油 | 纯大豆油发烟点约160℃ ~ 180℃<br>精制大豆沙拉油发烟点约245℃。 | 纯大豆油不宜高温油炸，适合低温煎、水炒、凉拌及调制沙拉酱。 |
| 花生油 | 发烟点约162℃ | 高温油炸时会产生起泡现象，较适合煎炒。 |
| 葡萄籽油 | 发烟点约190℃ | 适用凉拌、炒、煎、炸及烘焙等。 |
| 芥花油 | | 油脂较安定，可小量油炸，也适合凉拌、煎、炒、煮。 |

一个厨房里，绝对不能只有一瓶油，常用料理油如芥花油、花生油、葡萄籽油、沙拉油，各有不同的优点和发烟点，当然也适用于不一样的烹调方法。

## 〈 功能应用 〉

**沙拉油** 也称大豆油，以黄豆为主要原料，颜色为黄色或深黄色，含蛋白质与油脂的优质食用油。纯大豆油因发烟点较低易生油烟，不宜高温油炸；后续精制并添加抗氧化剂的营业用大豆沙拉油，俨然成为台湾最普遍的食用油。

**花生油** 纯天然花生萃取而成，有特殊香味，色泽呈漂亮的金黄色，油质较稳定。民间又将花生油称为“火油”，意即吃多了会上火，火气大者不宜多食。

**葡萄籽油** 以葡萄籽为主要原料，呈淡黄或淡绿色泽，油脂仅占整颗葡萄籽中极少比例，丰富花青素、不饱和脂肪酸及零胆固醇，是相当优质的食用油。

**芥花油** 以芥菜籽精炼而成，又称芥菜籽油，其饱和脂肪酸含量在植物油中最低，并含丰富的单元不饱和脂肪酸及维生素 F，不含胆固醇及防腐剂。

## 〈 保存要诀 〉

· 油品只要开封后就要将盖封好，放在阴凉处贮藏并尽快使用完毕，沙拉油及花生油保存不易，存放最好不超过 2 个月。

1 购买时尽量以 100% 纯度油品为第一优先选择。

2 请注意制造日期及保存年限，以清澈不混浊，无沉淀物、无油哈喇味者为佳。

3 油品易氧化，视用量购买适当大小的瓶装，勿贪便宜购买大桶装，长期保存不易恐变质。

## A 花生酸子酱

使用花生油

沙拉 海鲜 腌渍 鱼肉 鸡肉 猪肉 牛肉 蔬菜 饭面 鸡蛋

### 材料

粉姜............. 20g
红辣椒.......... 35g
罗望子.......... 60g
温水............. 200mL
花生油.......... 100mL
鱼露............. 20mL
酱油............. 15mL
黑糖............. 10g

### 如何保存

可事先做好放起来，想吃随时取用。做好的酱室温下可放置 6 小时，冷藏 2–3 周。

### 做法

1 把姜和红辣椒洗净，姜切碎，红辣椒对剖去籽再切碎。
2 罗望子和温水混合，可用手抓拌再把汁过滤留下备用。
3 起锅，放入花生油用慢火炒香姜碎、红辣椒碎，再把罗望子汁加入，搅拌均匀待煮开后再放黑糖、鱼露、酱油，用慢火煮至浓稠即可。

## B 油葱酥酱

使用沙拉油

蘸酱 烧烤 海鲜 鱼肉 鸡肉 猪肉 牛肉 蔬菜 饭面 煮汤

### 材料

红葱头.......... 200g
沙拉油.......... 150mL

### 如何保存

可事先做好放起来，想吃随时取用。做好的酱室温下可放置 2–3 周，冷藏 2–3 个月。

### 做法

1 红葱头剥去皮膜、洗净擦干，横切成厚薄大小一致的圆片。
2 准备一锅，放入沙拉油、红葱头片，以慢火缓缓地拌炒。
3 待红葱头片全部呈金黄色即可捞起，等油冷再泡在一起即可。

Tips

酸子就是罗望子，是一种果实，果肉味酸很开胃，除了制作料理，南洋地区也常用它做饮料、做酱。选用花生油是想取它的香气，但如果手边没有，亦可用蔬菜油、玉米油、葵花油替代。

Tips

红葱头炸至金黄酥脆时即捞起，以免继续受热变黑变苦，待冷却后再把油葱酥跟葱油泡在一起，隔绝空气跟水能保持酥脆度。如果没有那么多时间，也可直接购买现成的油葱酥取代，但自己炸的油葱酥比较新鲜、干净、卫生，味道也更棒。

# 脆皮天贝佐花生酸子酱

**材料**

天贝........................200g
花生油....................200mL
花生酸子酱...........80mL

**做法**

1 天贝切成四方小块状备用。
2 起锅放入花生油以慢火加热，再放下天贝炸至金黄色捞起，以专用吸油纸或厨房纸巾吸去多余油分，一旁附适量花生酸子酱当蘸料即可。

**Tips**

天贝是印尼传统的发酵食品，以整粒黄豆和酵母菌去发酵，形成大块状的豆饼，口感扎实温润，味道蛮像卤豆干，非常特别。一般店家较少贩售天贝，可去印尼商店购买或上网订购。

# 芥花油醋香草酱

使用芥花油

沙拉 烧烤 海鲜 鱼肉 鸡肉 猪肉 牛肉 面包

### 材料

新鲜荷兰芹...........3g
柠檬皮...................2g
芥花油...................120mL
红酒醋...................40mL
盐............................2g
白胡椒粉...............2g

### 做法

1 新鲜荷兰芹洗净，取叶擦干切成碎备用。
2 准备酱汁碗，放入盐、白胡椒粉、红酒醋拌匀。
3 再慢慢加入芥花油，最后放荷兰芹碎和柠檬皮，浸泡20 分钟即可。

Tips

荷兰芹即欧芹，别名巴西里，也叫西洋香菜、香芹，除了能替料理添香，细致可爱的叶片也常拿来当作盘饰。新鲜的荷兰芹可到花市或大型超市购买，而干燥的在超市就可买到。

# Butter
# 〈 奶油 〉

煎炒 烘焙 抹酱

自牛奶或羊奶中提炼出来的固态油脂，呈柔和、漂亮的黄色，富浓郁的奶香味，发烟点约 180℃左右，分无盐与有盐两种。

· 有盐奶油：西餐料理大多使用含盐奶油，可直接切适量大小放入锅中，与食材一同炒香；或室温软化后和食材一起煮成意大利面白酱、奶油浓汤等。

· 无盐奶油：烘焙采用无盐奶油居多，可使面包蛋糕组织柔软湿润富香气，蛋奶素食者可食用。

· 液态鲜奶油：分为植物性与动物性液态鲜奶油，植物性通常含糖，且为人造奶油。液态鲜奶油亦常运用于料理，焗烤或放在奶油白酱、浓汤里，能营造出浓郁滑顺的香气跟口感，而液态鲜奶油经打发，就会变成平时蛋糕上头绵密柔滑的鲜奶油（Whipped Cream）。

· 玛琪琳：也称麦淇淋、马芝莲（Margarine 音译），是经氢化处理的人造植物奶油，含反式脂肪，人体较难代谢。

## 〈 保存要诀 〉

· 固态奶油请留意保存期限，购买回家后一定要收在冰箱冷藏，约可保存 2 周，冷冻则可数月。注意一定不要放在冰箱门边，以免时常开关温度变化大，造成质变。

· 鲜奶油一定要收在冰箱冷藏，千万不可冷冻，一旦结冰再退冰，组织会被破坏，风味口感尽失。

Check!

### 挑选技巧

1 奶油会因产地、制程不同而显现不同风味，市面上以新西兰、澳洲、法国进口的产品居多，挑选时先认明值得信赖的知名厂牌。

2 依包装标示挑选非人造、无添加（无抗氧化剂、无安定剂、无乳化剂）的天然奶油。

# A 荷兰酱 使用奶油

蘸酱 烤肉 腌渍 鱼肉 鸡肉 猪肉 牛肉 蔬菜 饭面 鸡蛋

### 材料

红葱头.......... 20g
黑胡椒碎...... 3g
水................. 60mL
生蛋黄.......... 2 粒
澄清奶油...... 180mL
白酒............. 50mL
白酒醋.......... 30mL
柠檬汁.......... 10mL
盐................. 适量

### 如何保存

使用前适量制作即可。做好的酱可在室温下放置 2–3 小时。

### 做法

1 红葱头洗净去皮切碎，放入锅内加黑胡椒碎、白酒、白酒醋、水加热等味道释出，过滤备用。
2 准备钢盆把蛋黄、过滤好的醋汁放入隔水加热，将蛋黄打至发泡呈绵密状，再慢慢加入澄清奶油打至稠状。
3 最后加入盐、柠檬汁调味即可。

# B 豆腐榛果葡萄籽酱 使用葡萄籽油

沙拉 烧烤 海鲜 炸鱼 鸡肉 猪肉 牛肉 蔬菜 饭面 鸡蛋

### 材料

板豆腐.......... 120g
榛果............. 30g
葡萄籽油...... 120mL
白酒醋.......... 40mL
柠檬汁.......... 10mL
果糖............. 10mL
盐................. 2g
白胡椒粉...... 2g

### 如何保存

使用前适量制作即可。做好的酱需冷藏，在 1–2 小时内食用完毕。

### 做法

1 准备果汁机，先把板豆腐放入，再倒下榛果、白酒醋、柠檬汁、果糖、盐、白胡椒粉搅打均匀。
2 之后再放入葡萄籽油继续打匀即可。

Tips

澄清奶油（clarified butter），就是普通奶油去除蛋白质、水分、乳糖、盐分和其他非乳脂固形物后，所留下的纯油脂，颜色金黄澄澈、发烟点较高，一般在大型超市或印度商店可购买到，也有人会在家自制，常用来煎炸制作料理。

Tips

这道搭配生菜沙拉的酱汁，蔬食、素食可用，但因为成分含豆腐易变质腐败，所以不适合置放在室温下，应尽快食用完毕。

# 综合什蔬沙拉衬豆腐榛果葡萄籽酱

**材料**

什锦生菜............................30g
小黄瓜................................10g
小番茄................................10g
小豆苗................................5g
榛果....................................5g
葡萄干................................5g
豆腐榛果葡萄籽酱............60g

**做法**

1 什锦生菜、小黄瓜、小番茄、小豆苗洗净备用。
2 什锦生菜撕成一口大小，小黄瓜切片、小番茄对切。
3 接下来可以准备盛盘了，将什锦生菜、小黄瓜片、小番茄、小豆苗摆盘，再放上葡萄干、榛果，一旁附点豆腐榛果葡萄籽酱当蘸酱。

Tips

这道酱汁十分营养，但因为质地很浓稠，不适合淋在沙拉上，可用小碟盛装或直接附在旁边蘸取食用。

专栏

## 让烫青菜不再单调的酱料魔法

忙了一天好疲累，回到家懒得煮，只想简单吃，迅速烫盘青菜、拌碗面，轻松解决一餐。只是，单纯的烫青菜实在有些单调，只淋酱油又少了点趣味，翻翻橱柜、打开冰箱，盘算一下手边还有哪些调味料，切一切、拌一拌，利用酱料可以把烫青菜变得很有滋味!

### 经典组成元素

酱油

辣椒

蒜头

白醋

青葱

### 美味多元组合

#### 黑胡椒蒜味酱

**[ 材料 ]**

蒜碎　15g

橄榄油　80mL

黑胡椒碎　3g

**[ 做法 ]**

把上述材料全部混合均匀即可。

## 辣椒酱油酱

**[ 材料 ]**

红辣椒（切圈片） 12g
酱油 60mL

**[ 做法 ]**

把上述材料全部混合均匀即可。

## 油葱香酥酱

**[ 材料 ]**

油葱酥 15g
酱油 60mL

**[ 做法 ]**

把上述材料全部混合均匀即可。

## 鹅油葱香酱

**[ 材料 ]**

青葱 15g
鹅油 60mL
盐 2g

**[ 做法 ]**

1 青葱洗净擦干，切成葱花，和盐一起放入锅内。
2 鹅油加热，倒进青葱花里拌均匀即可。

## 芝麻香醋酱

**[ 材料 ]**

芝麻酱 15g
酱油 50mL
白醋 15mL

**[ 做法 ]**

把上述材料全部混合均匀即可。

# Rice Wine
# 米酒

腌渍 去腥 炖煮 热炒

**时间酝酿的醇厚，让料理风味更有层次**

米酒是台湾厨房必备的基础调味品，以稻米为主要原料，经“糖化→蒸熟→加酒曲发酵→蒸馏”的程序后取得，带有淡淡米香及甜味。借由酒精的挥发，能引出食材风味并去除腥味，所以被中华料理广泛使用，尤其肉类海鲜更不可少。

米酒除了去腥提味的主要用途，进入超市，我们还可以看到货架上陈列着“米酒头”、“料理米酒”、“米酒”，它们不单只有酒精浓度高低的差异，更在用途上有不同的区分，以下将在功能应用中有进一步详细的介绍。

## 功能应用

**米酒头** 酒精浓度34%。以稻米为原料，不含食用酒精，取酿造的酒头精华，常用来作为浸泡中药补酒的基底，亦可用于料理调味。

**料理米酒** 酒精浓度19.5%。以稻米为原料，依古法酿造后调和食用酒精而成，是家庭主妇料理时的最爱，可替鱼肉海鲜去腥，甚至少许用在叶菜类中可引味保色，维持漂亮的翠绿色；也是煮姜母鸭、烧酒鸡时最常用的调味佐料。

**纯米酒** 酒精浓度22%。以蓬莱米为原料，主要用于烹调办桌大菜，也是家中祭拜神明祖先的常用酒品。

## 保存要诀

· 基本上酒类没有保存期限的问题，只要开瓶后注意上盖密封，且不要沾到生水，置放在阴凉、太阳无法直晒的地方即可。

· 若瓶盖坏掉无法再密封，可用市售的酒瓶塞塞住，或用干净塑料袋、保鲜膜覆盖瓶口，再以橡皮圈束紧阻绝空气进入。

1+2 购买市售专用酒瓶塞，以此将酒瓶密封塞紧。
3 塑料袋加橡皮筋，束紧阻绝空气。

Check!

**挑选技巧**

1 请选择有信誉的厂商品牌，酒类以玻璃瓶盛装为最佳。

2 好的米酒不会有杂味，且应散发米饭清香。不建议购买便宜私酿米酒，味道、品质都没有保障。

## A 三杯酱

蘸酱 烧烤 腌渍 海鲜 鸡肉 猪肉 牛肉 蔬菜 饭面 菇类 鸡蛋

**材料**

老姜............20g
蒜头............15g
水..................50mL
酱油............150mL
米酒............150mL
麻油............75mL
白砂糖.........75g

**如何保存**

可事先做好放起来，想吃随时取用。做好的酱室温下可放置3–4天，冷藏1–2周。

**做法**

1 姜洗净、蒜头洗净去皮，姜切片、蒜头整粒不切备用。
2 起锅放入麻油爆香姜片、蒜头，再加入米酒、酱油、砂糖、水，煮约5分钟即可。

## B 蒲烧酱

蘸酱 烧烤 海鲜 鱼肉 鸡肉 猪肉 牛肉 蔬菜 饭面 鸡蛋

**材料**

水麦芽.........60g
酱油............180mL
米酒............180mL
味醂............120mL
白砂糖.........60g

**如何保存**

可事先做好放起来，想吃随时取用。做好的酱室温下可放置3–4天，冷藏2–3周，冷冻2–3个月。

**做法**

1 将米酒先放入锅中，煮至酒精蒸发，再放入酱油、味醂、白砂糖、水麦芽，煮开后转小火慢煮。
2 煮约30分钟，煮到酱汁变浓稠即可。

Tips

三杯酱是中式的经典酱，更是非常好用的万用酱，可烹调鸡肉、海鲜、菇类、蔬菜等各式食材，通常制作料理时，起锅前会放点九层塔稍微拌炒一下，嗜辣者也可加点辣椒，香气十足。

Tips

蒲烧酱常用于烧烤鱼类，其实也可使用在肉类，或是少许淋在饭或面上，咸咸甜甜的味道很下饭。

# Shaoxing Rice Wine

# 绍兴酒

腌渍 去腥 炖卤

绍兴酒以糯米为主要原料，因源自浙江省绍兴市而得其名，在绍兴以外的地区酿造的全部统称为黄酒，种类很多，常见如花雕、老酒、女儿红和状元红皆是，特色是越陈越香，陈年老酒的价格也随保存时间越长而价更高。台湾埔里出产的绍兴酒，酒精浓度为14%，主要用在料理中。

而老一辈喜欢泡制中药处方的养生药酒，也常以此作为酒基配制，具活血行气效果，对手脚冰冷、体虚怕冷者有帮助，有些养生调理药膳的爱好者，也会在冬日多食绍兴酒料理驱寒暖身。

## 〈 功能应用 〉

**腌渍去腥** 酒香十足的绍兴，能去除鸡猪海鲜等肉品的腥味，更能让料理香气提升，丰富嗅觉与味觉的层次感，常用于料理花雕鸡、绍兴醉鸡、醉虾。

**上色增香** 绍兴酒有其特有的酒色，是能辅助食材上色和烹炒菜肴的调味料，尤其在炖卤上最能展现风味，经久煮酒精成分蒸发，留下迷人的酒香，如：绍兴卤肉、醉蛋。

## 〈 保存要诀 〉

· 绍兴酒的包装或瓶身上，会标明保存期限3年，只要在开瓶后，注意密封上盖且不要沾到生水，置放在阴凉、太阳无法直晒的地方即可。

· 无论是哪种酒，保存的环境、温度、湿度、密封度等，都是变质与否的关键，绍兴酒在未开封且低温、温差小的环境里储存，能多摆放个10—20年。古时生了女儿会把绍兴酒埋在土里，待女儿长大出嫁时取出分享，就成了美好的“女儿红”。

1 在超市或正规酒厂，购买包装完整且处于保存期限内的酒，再依个人需求选择普通绍兴酒或陈年绍兴酒即可。

2 私酿酒品在台湾仅限自用不能贩售，私酿酒品不仅品质不一还需担心酿造过程的卫生问题，因此不建议购买。

Tips

蒸鸡肉卷的时间长短要多留意和控制，鸡肉不熟容易有细菌残留，过熟则会让肉质老而硬。

# 绍兴醉鸡

材料

去骨鸡腿......2 只
当归..............1 片
枸杞..............15g
黄芪..............5 片
绍兴酒..........600mL
盐..................适量
铝箔纸..........2 张

做法

1 去骨鸡腿洗净擦干，皮面朝下放，以刀背敲打断筋，使肉的厚薄更均匀。
2 在肉面抹少许盐和绍兴酒，用铝箔纸卷起，卷好后两边开口折好收拢，放入电锅蒸（外锅两杯水），电锅跳起后，把鸡腿拿出来浸泡冰水里冰镇，待完全冷却再放入冰箱冰（铝箔纸不拆）。
3 将绍兴酒倒入锅中，放当归、黄芪、枸杞煮开后放冷，再把鸡腿包覆的铝箔纸拿掉，将鸡腿浸泡在放冷的绍兴酒液里 2 天即可食用。

## 经典酒香，高粱也可入菜

除了绍兴酒外，高粱酒也是经典的中式酒类，它的酒精浓度高，因为如水般清澈澄明、芳香甘醇，让喜好烈酒者趋之若鹜。有的人觉得高粱酒的风味特色强，认为只适合单纯拿来饮用，并不适合用于做料理，其实下次可以试试用高粱制作高粱醉虾、高粱咸猪肉、酒香溏心蛋等，味道都很不错，但因高粱的酒精浓度高，用量可以减半，或者料理时多蒸煮一下，帮助酒精挥发。

**Sake**

# 清酒

腌渍 蒸煮 制酱 调酒

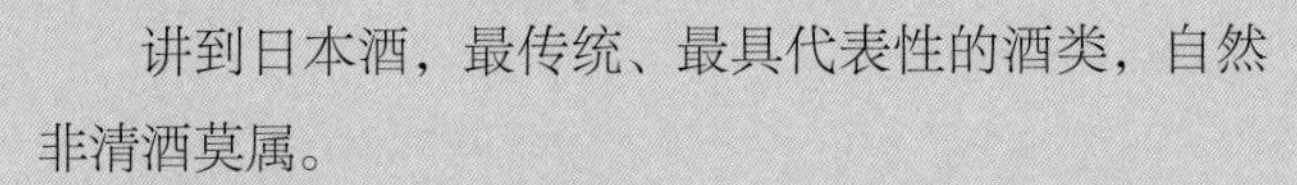

讲到日本酒，最传统、最具代表性的酒类，自然非清酒莫属。

清酒以精制无杂质的白米及好水为原料酿造而成，酒精浓度约 15%～20%，虽然属于“米酒”，但和台湾米酒在风味与酒精浓度上大不相同。在日本，酿造清酒时用的水质也十分受到重视，认为水质是左右清酒口感的关键，因此有“硬水酿的清酒较烈，软水酿的口感较甘”的说法。不只拿来饮用，很多日本料理也会以清酒调味，有日本“厨酒”的美名，是既可饮用又可入菜的清香雅酒。

许多人常拿日本酒中的清酒与烧酎相较，其实清酒属于酿造酒，而烧酎属于蒸馏酒，烧酎的酒精浓度约 25%，比清酒还要高。

## 功能应用

**去腥增香** 醇厚酒香和海鲜最搭配，酒的辛辣在熟成时转换成米的香甜，既消除食材腥臭味，又能引出海味的鲜甜，清酒蒸蛤蜊就是一例。

**调制酱料** 日本料理的清爽滋味，常是混用一点清酒与日式酱油等调和成的调味酱，应用在肉类或豆腐料理中，如香煎豆腐。

**调鸡尾酒** 清酒冰、温、热都能饮用，在炎炎夏日以冰块、柠檬、苏打（或汽水）及薄荷等混搭而成碳酸口味清酒，是很好的消暑饮料。

## 保存要诀

· 清酒属酿造酒，以瓶身标示的制造日期与保存期限为准，开封前只要保存温度不会过高，控制得宜，基本上无保存期限问题。

· 开封后若未立即使用完，请将瓶盖密封好，存放在冰箱冷藏，大约可放一年左右。

Check!

**挑选技巧**

1 依酿造等级，从高到低可分成纯米大吟酿、大吟酿、纯米吟酿、吟酿、特别纯米酒、纯米酒、特别本酿造、本酿造这八种，风味上各有特色，级数高低并非和好喝程度完全画上等号，可依个人需求及喜好选择。

2 料理用清酒，在超市或便利店皆可购买，多以玻璃瓶盛装，酒色清澈无杂质，闻来酒香丰厚浓郁而不刺激即可。

Tips

蒸蛤蜊的时间不能太久，否则肉很容易过熟。手边如没清酒可换米酒，料理出来的蛤蜊一样清爽鲜美，清酒可到大型超市或酒类专卖店购买。

# 清酒蒸蛤蜊

**材料**

文蛤............. 300g
嫩姜............. 5g
青葱............. 5g
奶油............. 5g
橄榄油.......... 5mL
清酒............. 120mL

**做法**

1 文蛤、嫩姜、青葱洗净，嫩姜切碎，青葱切成葱花，备用。
2 起锅放入橄榄油，嫩姜碎炒香，再放入文蛤并淋上清酒，加盖焖煮 2 分钟至文蛤打开，最后用奶油和葱花拌匀即可。

# Mirin

# 〈 味醂 〉

腌渍 凉拌 炖煮 照烧

味醂又称米醂、料酒、日式甜煮酒，是由甜糯米加上酒曲酿制而成，在日本是厨房必备的基础调味料，不过在中国台湾的使用没有这么盛行，或许许多人都不知道，味醂含有 14% 的酒精成分，算是有甜味的米酒。

在日本，市面常见的味醂又细分为“本味醂”、“味醂风味调味料”，前者以糯米、米曲、烧酎制成，含 13%～14% 的酒精，后者则混合了米、糖、发酵调味料等，酒精浓度仅约 1%，中国台湾市面上的味醂以后者居多。

### 功能应用

**消除腥味** 味醂的甘甜和酒味，能有效去除海鲜和肉类的腥味，在酒精挥发的过程中引出食材天然鲜味，常用在照烧鸡腿、照烧牛肉等照烧类料理。

**增色添香** 味醂是呈淡金黄色的调味酒，用在日式炖卤料理上，能帮助食物色泽变得更漂亮，味道变得可口。

**保护肉质** 有紧缩蛋白质、使肉质变硬的效果，如果怕肉类久煮会变得软烂，可以早点加入味醂，不只会让肉熟而不烂，还能增添光泽。

### 保存要诀

· 开封后一定要锁紧盖子，因味醂与空气中的细菌作用易导致酸坏。

· 味醂请密封好放在橱柜中阴凉的地方，不宜冷藏，以免遇过低温度容易产生糖分结晶。

1 请选择商誉良好、评价优良的品牌，并在正规超市或店铺购买，且多加注意保存期限。

2 如用量不大，以短期内可尽快使用完毕为原则，优先挑选小瓶装购买。

#### 简易版味醂 DIY

台湾料理较少运用到味醂，如果恰好需要使用但手边少一瓶，没关系，这时只要用“台湾米酒：冰糖（或砂糖）＝3：1”的比例，将米酒与糖混合溶解煮至滚开再放凉，就制成了简易版替代味醂。

## A 照烧烧烤酱

热炒 烧烤 腌渍 海鲜 鸡肉 猪肉 牛肉 蔬菜 饭面 菇类 鸡蛋

### 材料

洋葱............. 120g
老姜............. 30g
酱油............. 150mL
米酒............. 150mL
黄砂糖.......... 100g
柴鱼片.......... 10g
味醂............. 100mL

### 如何保存

可事先做好放起来，想吃随时取用。做好的酱可在室温下放置 3–4 天，冷藏 2–3 周，冷冻 2–3 个月。

### 做法

1 将洋葱、姜洗净切碎备用。

2 起锅放入洋葱、姜碎和所有调味料，煮开后转慢火煮至有稠度，过滤掉洋葱、姜碎、柴鱼片即可。

## B 寿喜烧酱

沙拉 火锅 海鲜 鱼肉 鸡肉 猪肉 牛肉 蔬菜 饭面 鸡蛋

### 材料

水................. 200mL
酱油............. 100mL
味醂............. 60mL
白砂糖.......... 30g

### 如何保存

可事先做好放起来，想吃随时取用。做好的酱可在室温下放置 8 小时，冷藏 2–3 周，冷冻 1–2 个月。

### 做法

起锅放入水、酱油、味醂、砂糖，搅拌至砂糖溶解，煮开后即可。

Tips

寿喜烧酱请依个人口味添加、调整咸淡，它的概念类似“酱汁煮肉”，在日本，煮好只会把食材吃掉，汤汁因为越煮越咸所以是不喝的。

Tips

照烧烧烤酱也属于万用酱的一种，不只在烧烤时使用，还可运用于热炒、腌渍等。

# Wine
# 葡萄酒

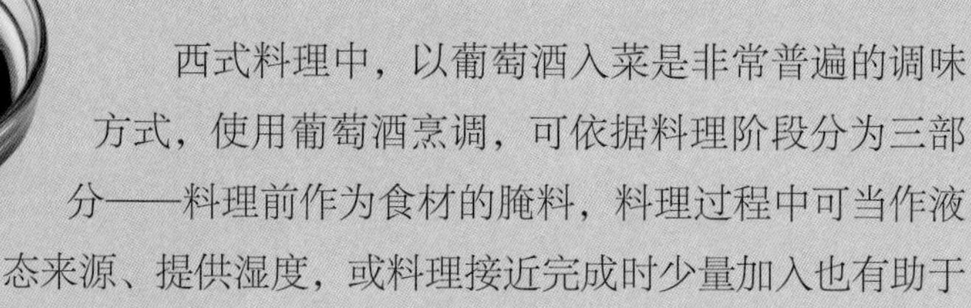

西式料理中，以葡萄酒入菜是非常普遍的调味方式，使用葡萄酒烹调，可依据料理阶段分为三部分——料理前作为食材的腌料，料理过程中可当作液态来源、提供湿度，或料理接近完成时少量加入也有助于提味，如何使用端看料理的需求。

## 红酒与白酒

一般而言，炖肉时习惯用红酒（Red wine），若是料理海鲜、鸡肉与蔬食则更常使用白酒（White wine），但这也并非绝对的准则，随料理经验累积，对红白酒的使用也会更灵活。以料理而言，红白酒最大的差异在于颜色与酸度，白酒无色，不会影响食材的色泽，因此应用范围较广；红酒则可为料理增色，另一方面红酒含有较高的多酚与单宁，会使肉质更易软化。

## 〈 功能应用 〉

**腌渍肉类食材** 在腌制过程中加入些许葡萄酒，能压抑肉腥味，让整体风味更平衡顺口，另一方面有助肉质软化，让口感更软嫩。

**增香提鲜** 料理时酒精遇高热会挥发，同时和食物里的酸产生化学作用，让料理带有果香，并透过收汁的炖煮过程让香气渗入，提升料理的层次。诀窍在于加酒的时机——酒经长时间炖煮会散失气味，果香与微微果酸融合于料理中，若在料理将完成时才呛点酒，则会留下较明显的酒香。

**制作酱汁** 不论肉类还是海鲜，煎、炒后香气与味道会残留锅底，这时可加葡萄酒熬制酱汁，利用酒汁融合锅底余留的食材精华和香气，让美味回融到酱汁中。

## 〈 保存要诀 〉

· 葡萄酒开瓶与空气接触后，便开始氧化让风味越来越差，因此应尽快饮食完毕。若酒无法一次用完，可用市售的酒塞封瓶，置于冰箱冷藏约可保存一周。

Check!

**挑选技巧**

1 红白酒都适合入菜，一般而言，料理用酒会选择干型葡萄酒（Dry），同时口感以呈现清爽（Crisp）为佳，高甜度的酒用于料理会产生不必要的甜味，及非预期的焦糖化反应，运用于料理较难把握分寸。

2 选择料理用酒，并不像单独品尝时那样挑剔严苛，但若本身风味不佳，加热后不好的味道将会更加明显，最简单的挑选方法，是选择即使单独饮用也不会令你排斥的酒款。

Tips

喜欢吃辣可依个人口味加入新鲜的朝天椒，或加点绿色瓶装墨西哥辣椒水，酸辣十足的新鲜莎莎酱，配上玉米片或墨西哥卷饼，就成了清爽对味的轻食。

# 红酒番茄莎莎酱

蘸酱 烧烤 海鲜 鱼肉 鸡肉 鸭肉 牛肉 面包 烤饼 饭面

## 材料

牛番茄……360g
紫洋葱……120g
香菜……10g
红酒……200mL
苹果醋……100mL
橄榄油……15mL
白砂糖……30g
蜂蜜……15mL
墨西哥辣椒水……10mL
盐……适量
白胡椒粉……适量

## 如何保存

可事先做好放起来，想吃随时取用。做好的酱室温下可放置1小时，冷藏2–3天。

## 做法

1 牛番茄洗净先去皮（整粒），紫洋葱切小丁，香菜切碎备用。

2 将红酒、苹果醋、砂糖、蜂蜜放入锅中煮开后放冷，再将去皮的牛番茄浸泡于冷酱汁一天。

3 隔日将牛番茄捞起去籽切小丁，和紫洋葱丁、香菜碎、辣椒水、盐、白胡椒粉、橄榄油搅拌均匀即可。

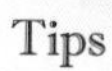

**Tips**

“牛骨肉汁”是用牛骨、洋葱、胡萝卜、西芹、蒜苗、番茄、番茄酱、少量中筋面粉炒过，再加入淹过牛骨高度的水量，煮开后继续熬煮约 2–4 小时，过滤出来的汤汁就是牛骨肉汁。记得里面的蔬菜总量，不能大于牛骨的三分之一！

# 红酒炖牛肉

**材料**

牛腱肉……200g
胡萝卜……30g
洋葱……30g
西芹……20g
月桂叶……1片
黑胡椒粒……2g
无盐奶油……20g
红酒……300mL
牛骨肉汁……250mL
盐……适量

**做法**

1 牛腱肉切成块状，胡萝卜、洋葱、西芹去皮同样切成块状。
2 将牛腱肉块和蔬菜块放入锅中，加红酒、月桂叶、黑胡椒粒腌泡45分钟。
3 腌泡完的牛肉、蔬菜和红酒液各自分开。
4 准备锅子放入无盐奶油，先煎牛肉煎至上色后，再放入蔬菜一起拌炒。
5 把腌过肉的红酒液加入一起煮至酒精挥发，放入牛骨肉汁炖煮至牛肉软嫩，再以盐调味即可。

# A 白酒大蒜茵陈蒿酱

沙拉 火锅 腌渍 海鲜 鸡肉 猪肉 牛肉 蔬菜 意面 菇类 鸡蛋

### 材料

新鲜法国茵陈蒿 ... 3g
蒜头...................... 5g
奶油...................... 10g
白酒...................... 150mL
鲜奶油.................. 200mL
水.......................... 50mL
盐.......................... 适量
白胡椒粉.............. 适量

### 如何保存

使用前适量制作即可。做好的酱室温下可放置 2–3 小时，冷藏 1 天。

新鲜的茵陈蒿

### 做法

1 蒜头、茵陈蒿切碎备用。

2 起锅放入奶油炒香蒜碎，接着倒入白酒煮至酒味散去，再加水、鲜奶油、茵陈蒿碎，煮至浓稠状，最后以盐、白胡椒粉调味即可。

# B 白酒奶油酱

沙拉 火锅 腌渍 海鲜 鸡肉 猪肉 牛肉 蔬菜 意面 菇类

### 材料

蘑菇...................... 20g
红葱头.................. 5g
鸡高汤.................. 120mL
白酒...................... 120mL
液态鲜奶油.......... 200mL
奶油...................... 20g
盐.......................... 适量
白胡椒粉.............. 适量

### 如何保存

使用前适量制作即可。做好的酱室温下可放置 2–3 小时，冷藏 1 天。

### 做法

1 蘑菇、红葱头洗净擦干，切片备用。

2 准备一锅，先放入蘑菇、红葱头片，倒下白酒以中火把酒精味烧至挥发，再放入鸡高汤，煮至高汤剩一半加入鲜奶油。

3 续煮至变得浓稠，再放整块的奶油煮至溶化，最后加入盐、白胡椒粉调味即可。

Tips

液态鲜奶油可增加浓稠度和香气，这里选用的是无糖的动物性鲜奶油，而非有糖的植物性鲜奶油。

Tips

茵陈蒿是一种香料，新鲜的可去大型花市购买，如果买不到，也可用干茵陈蒿替代。干燥和新鲜的茵陈蒿，在味道上有所差异，新鲜茵陈蒿闻起来有茴香、甘草、罗勒的混合香气，干燥则有刺激辛辣味。

### Tips

用牙签插入虾背部第 2、3 节位置，往上挑拉出肠泥，这样就不必去头去壳，能保持虾子的完整形貌。这道菜很适合招待客人，鲜虾换成蛤蜊或螃蟹等海鲜类都很适合，亦可依个人喜好的味道调整调味比例。

# 白酒大蒜茵陈蒿酱烩鲜虾

## 材料

鲜虾............................ 12 只
芦笋............................ 50g
玉米笋......................... 30g
小番茄......................... 10g
盐................................ 适量
白酒大蒜茵陈蒿酱 ..... 150 mL

## 做法

1 鲜虾剔除肠泥，芦笋、玉米笋洗净烫过备用。
2 起锅加入白酒大蒜茵陈蒿酱加热，放入鲜虾煮至半熟，再放烫过的芦笋、玉米笋烩煮，快熟时加点小番茄和盐调味即可。

中式料理甘醇美味的秘方

# Soy Sauce

腌渍 凉拌 所有烹调

古人将“柴米油盐酱醋茶”称为开门七件事，其中的酱，指的正是我们熟悉的酱油。据传中国古代，“酱”为皇族才能使用的珍贵调味料，随着时间的推移，“酱”化身成“酱油”，已不再高不可攀，但浓郁甘醇的鲜味，绝对是台式料理不可或缺的重要配角。

酱油依主原料区分为黑豆、黄豆、小麦（豆麦）三类，古法酿造的酱油，大致会经历“浸泡蒸煮→冷却沥干→制曲接菌→培曲洗曲→拌盐入酱缸→封缸日曝发酵→开缸榨汁过滤煮汁调味”的程序，现今仍有一些厂商坚持古法酿造，经历 4 至 6 个月的等待，才能成就风味甘鲜醇美的酱油。

## 功能应用

**调味增色** 咸、鲜、香的酱油，主要功能是调味和上色，卤煮食物时有人会特地选用深色酱油，替食材裹上诱人色泽，好的酱油下锅遇热会出现豆香，反之，不好的酱油只有重咸不带香气。

**去除肉类腥味** 酱油、米酒、葱姜蒜，是厨房常备的去腥法宝，我们也常将白切肉蘸蒜蓉酱油，或生鱼片配山葵加酱油，既除腥又增添咸香。

**延长保存期** 常见如酱渍小黄瓜、金针菇等，都是用酱油和糖、辣椒等调味腌渍食材，因盐分含量高，能拉长食物的保存期。

## 保存要诀

· 酱油开封后，以放置冰箱冷藏为佳，即便不收入冰箱，也一定要把盖子盖好，放在无日光直射的通风阴凉处，不可放在煤气炉旁，以免高温环境造成酱油变质。

Check!

### 挑选技巧

1 选择信誉优良的厂牌。从包装能了解酱油属甲、乙、丙哪一级（甲级最优、乙级次之），并确认是否为纯酿造或氨基酸酱油及有无焦糖色素等添加物。

2 先查看瓶子有无破损或溢出，但比起塑胶瓶，以玻璃瓶盛装更佳，请拿起瓶子轻轻摇晃，察看瓶中有无沉淀物。

3 视用量选择适当容量的酱油，以不会久放、短期食用完毕为原则。

4 沿白瓷碗壁倒酱油，若挂壁性好（酱油停留碗壁的时间长、内壁易上色），代表酱油富天然豆类油脂。

# 〈酱油的大家族〉

制作荫油需混合大量黑豆与盐，封入缸中待其发酵

## 酱油、薄盐酱油、荫油、白曝荫油

对中国台湾人来说，酱油无疑是最寻常、最熟悉不过的调味料了，除了我们一般最常使用的酱油外，基于健康考量，厂商也推出减去盐分、保留豆香的薄盐酱油，提供不一样的选择。荫油也属于酱油的一种，最大的不同在于它以黑豆为主原料，是台湾特有的酱油产品（别于日式酱油多以豆麦为主原料），至于名称中的“荫”字，源于必须经过下酱缸日晒发酵的程序，这个步骤台湾话称“荫”，如此而得的酱油就叫“荫油”或“白曝荫油”。

## 品评酱油的“观色、闻香、尝味”三步骤

·观色：一般来说，优质酱油的色泽应为清澈温润的红褐色、琥珀色，二次酿造的酱色会更深一些，至于劣质的酱油，通常色泽黯淡，深沉不透明。

·闻香：优质酱油会散发自然豆香，气味温润、清爽，而劣质酱油则会出现一股刺鼻味或霉臭味。

·尝味：优质酱油尝起来咸香味鲜，而劣质酱油的味道单调死咸。

### 什么是壶底油？

“壶底油”这个名称乍听十分特别，确切的真实来源说法存在分歧，有些人认为壶底油是酱缸下层第一道抽出（头抽）的浓醇酱汁，另一说法则认为是干式酿造沉淀于缸底的浓稠酱汁。壶底油最大的特色是味道浓、香气足、质地滑稠，有的厂牌会在当中添加甘草，让壶底油带有柔和的甜味。

## 淡酱油

淡酱油也称淡色酱油、白豆油，呈现清澈透明的琥珀色，这是酱汁的天然原色，与一般酱油的差异之处在于是否添加赤砂糖或是色素增色。因为色淡，最适合用于蒸鱼、海鲜、蔬菜等不需要太深酱色的料理，颜色虽浅，却仍能赋予食物优良的豆香和风味层次。

## 和风酱油（鲣鱼、昆布、香菇等风味）

和风酱油微甜不死咸，又分鲣鱼、干贝、昆布、香菇等不同风味，最常运用于蒸、煮、炒、凉拌、淋酱等料理方式，像茶碗蒸、蒸肉丸、炒鲜菇、凉拌鲜蔬等清爽的料理，因为滋味清淡爽口、甘甜鲜美而深受欢迎，有的人拿它替代一般酱油。

## 酱油膏

咸中带甜的酱油膏，其浓稠度来自另外添加的淀粉质——在酱油里添加糯米粉、太白粉、玉米粉等淀粉类勾芡，使之变得浓稠，但淀粉在制程中会被分解成糖分，所以酱油膏吃起来多有甘甜味，最常当作蘸酱、淋酱，有时也会在料理过程中直接添加用以增色调味。

## 蚝油

蚝油据说由一名中国师傅发明，当时他原本正在为餐厅客人做料理，但一时粗心忘了关炉火，蚝肉与汤汁就在锅里不断熬煮、浓缩，变成了咖啡色的浓稠酱汁，一尝却发现滋味意外鲜美，此后便衍生出鲜香甘甜的蚝油。蚝油的颜色、质地虽然与酱油膏相似，但因为添加了牡蛎让鲜美味倍增，用途也越广泛。

## 素蚝油

蚝油的滋味鲜美，但毕竟素食者无法食用，后人为了满足素食者的饮食需求，又研发出以香菇、冬菇制成的"素食蚝油"，浓缩萃取了菇的鲜味，炒、煮、淋酱、蘸酱皆适用。

# A 丼饭酱汁

沙拉 火锅 腌渍 海鲜 鸡肉 猪肉 牛肉 蔬菜 面饭 菇类 鸡蛋

### 材料

干香菇..........2 朵
黄砂糖..........10g
水..................200mL
酱油.............60mL
米酒.............120mL
味醂.............120mL

### 如何保存

可事先做好放起来，需要时取用。做好的酱汁室温下可放 3–4 天，冷藏 2–3 周，冷冻 2–3 个月。

### 做法

1 干香菇洗净去蒂备用。
2 将水、酱油、米酒、味醂、砂糖和干香菇放入锅内煮滚，再转小火续煮约 10 分钟后过滤即可。

# B 茶香卤汁

### 材料

青葱.............12g
老姜.............15g
绍兴酒..........120mL
水..................1.5L
酱油.............500mL
白砂糖..........100g
沙姜.............5g
草果.............1 颗
八角.............5g
桂皮.............5g
月桂叶..........3 片
甘草.............3g
乌龙茶叶......15g
卤包棉袋......1 个

### 如何保存

可事先做好放起来，需要时取用。做好的卤汁室温下可放置 1 周，冷藏 2–3 周，冷冻 3–4 个月。

### 做法

1 将草果、沙姜、八角、桂皮、月桂叶、甘草、乌龙茶叶全部放入卤包棉袋中，袋口绑紧备用。
2 青葱、姜拍打放入锅里，倒下水、酱油煮开后再加砂糖、卤包，煮沸后转小火续煮约 10 分钟，最后加绍兴酒即可。

Tips
这里优先选用一般酱油或薄盐酱油，如果想用荫油或壶底油，因为这两种酱油的味道较浓，可减量使用。
A
B
C
Tips
红烧卤汁的优点是香气浓郁，比较适合卤肉类。制作卤汁优先选用一般酱油或薄盐酱油，也可以用荫油或壶底油，但需减量使用。
Tips
茶香卤汁的优点是清爽有香气，特别适合卤豆制品和蛋。制作卤汁优先选用一般酱油或薄盐酱油，也可以用荫油或壶底油，但需减量使用。

沙拉 火锅 腌渍 海鲜 鸡肉 猪肉 牛肉 蔬菜 面饭 菇类 鸡蛋

# C 红烧卤汁

### 材料

蒜头............. 18g
青葱............. 15g
老姜............. 12g
八角............. 5g
五香粉.......... 5g
冰糖............. 30g
绍兴酒.......... 150mL
水................. 600mL
沙拉油.......... 20mL
酱油............. 250mL

### 如何保存

可事先做好放起来，需要时随时取用。做好的卤汁室温下可放置1-2周，冷藏3周，冷冻4-5个月。

### 做法

1 蒜头去皮，青葱、姜洗净，以刀背轻轻拍打过。
2 起锅放入沙拉油，炒香蒜头、青葱、姜。
3 再把八角、五香粉放入拌炒，加入绍兴酒、冰糖、酱油、水，煮约40分钟即可。

# 红烧猪五花

### 材料

猪五花.......... 600g
水................. 1L
沙拉油.......... 20g
红烧卤汁...... 600mL

### 做法

1 猪五花切成块状，锅里放水先煮开，再把肉放入烫一下捞起。
2 另起一锅，放入沙拉油炒香烫过的猪五花，再加入红烧卤汁煮开后转小火续煮约1小时即可。

Tips

猪五花肉烫过再用水洗，先把不要的杂质冲掉滤干再用沙拉油炒上色，烧出来的颜色才会漂亮。

# 淡酱樱桃鸭

使用淡酱油

## 材料

樱桃鸭胸...... 1 片（约 180g）
香油.............. 10mL
淡酱油.......... 30mL
米酒.............. 15mL
盐.................. 适量

## 做法

1 樱桃鸭胸皮面先浅浅划刀，呈交错的菱格纹，并抹上适量的盐备用。
2 淡酱油和米酒混合成酱汁。
3 起平底锅，加入香油以中火煎樱桃鸭胸，皮面朝下慢慢煎到皮脆再翻，再把酱汁倒入煮至酱汁收干即可。

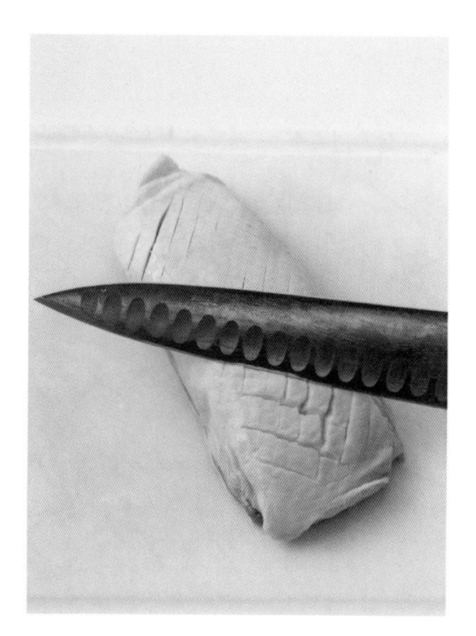

皮面切菱格纹，
帮助油脂渗出。

Tips

选用淡酱油或白曝荫油皆可，用白曝荫油的话分量需减少，因白曝荫油味道和一般酱油不同，一般酱油多是用豆麦或黄豆酿造，发酵较快，酱油气味清甜、香气迷人，而白曝荫油是纯黑豆酿造、自然发酵，所以酱香醇厚天然，咸中回甘。

### Tips

和风酱油和一般酱油的味道不同，其咸度较低又带点甜味，常用来做凉拌菜或蒸蛋调味等，这道凉面蘸酱，选用市售鲣鱼、昆布、香菇口味的和风酱油皆可。

蘸酱 炸物 海鲜 鱼肉 鸡肉 猪肉 牛肉 面包 蔬菜 凉面

# 日式荞麦面蘸酱

使用和风酱油

## 材料

水.................. 2L
小鱼干.......... 80g
柴鱼片.......... 250g
和风酱油...... 100mL
味醂.............. 100mL
白砂糖.......... 30g
盐.................. 适量

## 如何保存

可事先做好放起来，想吃随时取用。做好的酱室温下可放置6小时，冷藏1周。

## 做法

**1** 水、柴鱼片、小鱼干一起煮，煮开后转中火再煮约1小时，之后用滤网过滤掉食材，留酱汁备用。

**2** 过滤的汤加入和风酱油、味醂、砂糖搅拌均匀，再煮约45分钟后视口味浓淡再加盐或加水调味。

### 柴鱼片怎么选？

柴鱼片分两种，一种是熬汤专用的粗片（左），这种柴鱼片的厚度较厚，所以颜色偏深、质地偏脆硬，熬煮会让汤头变得富柴鱼鲜味；另一种则是当调味佐料使用的薄片（右），这种柴鱼片的厚度较薄、颜色较浅，常撒在皮蛋豆腐、大阪烧、章鱼烧上，增添香气与口感。

## A 蒜蓉蘸酱 使用酱油膏

沙拉 火锅 蘸酱 海鲜 鸡肉 猪肉 牛肉 蔬菜 面饭 菇类 鸡蛋

### 材料

蒜头............20g
青葱............15g
香菜............10g
酱油膏..........150g
米酒............20mL
白砂糖..........10g
白胡椒粉......适量

### 如何保存

使用前适量制作即可。做好的酱室温下可放置 8 小时。

### 做法

1 蒜头、青葱、香菜洗净，蒜头加米酒用果汁机或搅拌棒打成蒜蓉，青葱、香菜都切成碎。
2 酱油膏、砂糖、白胡椒粉适量搅拌一起，再加入蒜蓉、青葱、香菜碎拌均匀即可。

## B 台式烤肉酱 使用酱油膏

沙拉 烤肉 腌肉 海鲜 鸡肉 猪肉 牛肉 蔬菜 面饭 菇类 鸡蛋

### 材料

蒜头............12g
老姜............10g
五香粉..........3g
黄砂糖..........5g
白胡椒粉......3g
开水............50mL
酱油膏..........150mL
米酒............15mL

### 如何保存

使用前适量制作即可。做好的酱室温下可放置 8 小时，冷藏 2-3 天。

### 做法

1 蒜头去皮、老姜洗净，切成碎备用。
2 再将酱油膏和开水、米酒、五香粉、糖、白胡椒粉，以及切碎的蒜头、姜一起搅拌均匀即可。

Tips
如果是重口味爱好者，可把蒜头、老姜磨成泥拌入酱里，或是加点沙茶酱，味道更香。
B
A
Tips
打蒜蓉时，可加些米酒和盐调和，防止蒜蓉氧化变黑。

**Tips**

蚝油跟酱油膏的外观相似，看起来都是浓稠的深咖啡色，不同之处在于多了鲜蚝味，通常是酱油膏与鲜蚝萃取物调和而成。

# 蚝油牛肉

使用蚝油

**材料**

牛肉片..........200g
青江菜..........25g
青葱..............15g
红辣椒..........10g
蒜头..............8g
粉姜..............5g
太白粉..........5g
水..................50mL
沙拉油..........15mL
酱油..............15mL
蚝油..............30mL
米酒..............15mL

**做法**

1 青江菜、青葱、红辣椒、蒜头、姜洗净，青江菜对半直剖，青葱切段，蒜头切碎，姜切丝，红辣椒切片备用。
2 牛肉片用酱油加太白粉先抓腌过。
3 起锅放沙拉油，先下牛肉片炒开至六分熟，再放蒜碎、姜丝、青葱段、红辣椒片炒香，加米酒、蚝油、水快速炒匀盛盘。
4 另将青江菜汤熟，围绕盘边即可。

Tips

继蚝油之后，又衍生出为素食者设计的素蚝油，以冬菇或香菇为原料提供鲜味，今天常见的则是酱油膏与香菇萃取物调和而成。

# 青菜淋酱

使用香菇素蚝油

沙拉 烤肉 腌肉 海鲜 鸡肉 猪肉 牛肉 **蔬菜** 饭面 菇类 鸡蛋

### 材料

开水............. 50mL
素蚝油.......... 150mL
酱油............. 30mL
白砂糖.......... 5g
白胡椒粉...... 适量

### 如何保存

使用前适量制作即可。做好的酱室温下可放置 6 小时，冷藏 1-2 天。

### 做法

将素蚝油、酱油、砂糖、白胡椒粉适量，和开水全部混合调匀一起煮开即可。

专栏

## 〈 饺子蘸酱少不了这一味 〉

热气腾腾又饱满多汁的饺子，一定要配一小碟自己独门的特调酱汁，各家厨房一定都有常备的经典饺子蘸酱的组成元素，随意排列组合，可能是一匙酱油加白醋，再撒点生辣椒、蒜蓉跟两滴香油，香香辣辣的，饺子整盘迅速一扫而空，简简单单就很好吃喽!

### 日式清爽酱

[ 材料 ]
萝卜泥　30g
日式酱油　60mL
柠檬汁　15mL

[ 做法 ]
把萝卜泥、日式酱油、柠檬汁混合搅拌均匀即可。

### 韩式辣味酱

[ 材料 ]
韩式辣酱　20g
酱油　50mL
白醋　15mL

[ 做法 ]
韩式辣酱、酱油、白醋混合搅拌均匀即可。

## 马告葱辣酱

**[ 材料 ]**

马告　10 粒
红辣椒　5g
粉姜　5g
大蒜　3g
青葱　5g
香菜　2g
酱油膏　80mL
辣油　10mL
香油　5mL

**[ 做法 ]**

1 马告拍碎，红辣椒去籽，姜、大蒜、青葱、香菜都切碎。

2 将切碎的食材和酱油膏、辣油、香油拌匀，静置约 10 分钟即可。

## 创意酸辣酱

**[ 材料 ]**

粉姜　12g
青葱　10g
红辣椒　10g
酱油　60mL
意式陈年醋　30mL

**[ 做法 ]**

1 姜、青葱、红辣椒洗净切成碎。

2 再将酱油、意式陈年醋调和，与姜、青葱、红辣椒碎拌匀。

## 经典酸橘酱

**[ 材料 ]**

客家橘酱　35mL
酱油　50mL
白醋　15mL

**[ 做法 ]**

客家橘酱、酱油、白醋混合调匀即可。

## 香菜柠檬酱

**[ 材料 ]**

柠檬肉　10g
香菜　3g
酱油　60mL
香油　3mL

**[ 做法 ]**

香菜、柠檬肉切碎，和酱油、香油拌匀，浸泡约 10 分钟即可食用。

发酵成就的酸香清爽好滋味

# Rice Vinegar
# 白醋

腌渍 凉拌 煮 炒

白醋是亚洲饮食中不可或缺的调味料，原料以糯米为主，处理后，糯米经过一连串淀粉转化、发酵、产生酒精等程序，然后在醋酸菌的作用下形成醋酸。现今市售的白醋除了以糯米为原料外，为了让口感更具特色，有些会另加糖、盐等调味。

烹调料理时，因醋酸遇高温挥发将导致酸味减弱，所以强调酸味的菜肴如酸辣汤、姜丝炒大肠等，可在起锅前再下醋，或是把醋适量分成两次加入，留下更多酸香风味。白醋还有另一个妙用，就是开始炒青菜时加一些，可保持脆口度，喜欢这种口感者不妨一试，但要注意用量以免过酸。

## 功能应用

**酸性调味** 醋可以调整料理的酸度，与其他调味料一起使用，会让料理层次更丰富，并且具有清爽解腻的效果。

**料理凉拌开胃菜** 醋也具有防腐、杀菌的作用，特别适合料理凉拌开胃菜，经醋调味过的食材，能延缓接触空气后产生氧化与变色。

**促进蛋白质凝固** 制作水波蛋时在水中加一点点醋，有助蛋定型。

## 保存要诀

· 醋为酸性，若是纯酿造醋，在未受污染的保存环境下可以长久存放。反之若是化学合成醋，因担心添加的化学原料可能产生变质，不易久存。

· 无论属何种醋，平日应存放在阴凉无阳光直晒处，并尽快食用完毕，以免变质出现汁液混浊、香气散失、醋味淡薄或异味。

Check!

### 挑选技巧

1 选购白醋时，可从观察外观着手，白醋通常为透明的淡黄色。拿起瓶子摇一摇，酿造醋的泡沫细、消失慢，化学合成醋的泡沫大、消失快。

2 优质的醋气味较香，酸度高但不刺激，味道入口后转为柔和、稍带甜味，且无其他异味，但化学合成醋的气味刺鼻难闻。

# A 寿司醋

**材料**

白醋............600mL
白砂糖..........280g
盐.................60g

**如何保存**

可事先做好放起来，想吃随时取用。做好的酱室温下可放置 2–3 天，冷藏 2–3 周。

**做法**

锅中倒入白醋和糖、盐，搅拌到完全溶化即可。

# B 姜醋酱（清蒸蟹蘸酱）

**材料**

粉姜...........35g
白醋...........150mL
柠檬汁.......75mL
蜂蜜...........75mL

**如何保存**

可事先做好放起来，想吃随时取用。做好的酱室温下可放置 6 小时，冷藏 2–3 周。

**做法**

1 粉姜皮洗净，切成细细的姜碎备用（或磨成姜泥亦可）。
2 姜碎和白醋、柠檬汁、蜂蜜全部搅拌均匀即可。

Tips

姜醋酱的作用是去腥、去除螃蟹的寒性，并且带出蟹肉的鲜，让口感更清爽鲜甜。

Tips

正确掌握寿司醋与白饭的比例，做出来的醋饭才会酸甜适中，比例是1公斤白米煮出来的饭，要加200−250mL寿司醋，并趁热翻拌均匀，凉了才会好吃。

# Black Vinegar

# 乌醋

凉拌 煮 炒

乌醋也称黑醋，许多料理都少不了乌醋发挥提味功能。我们一般常吃的乌醋，原料除了糯米外，还另外加入蔬菜水果或葱、蒜、洋葱等辛香料，并经数个月的酿造而得，相较于白醋，乌醋的酸味较柔和平顺。

酸香气息迷人的乌醋，使用上以提味为主要诉求，凉拌、煮炒均合适。料理要注意放醋的时机，起锅前加入最恰当、最能保留酸味，若经久煮会使酸味减低，导致风味尽失。

## 〈 功能应用 〉

**增加风味** 乌醋的酿造原料除了糯米，还加了其他蔬果与辛香料，因此除了酸味、香味层次也更丰厚多元，适合用于需要提味、增添香气的料理。

**去腥提鲜** 乌醋的酸可以压制肉腥味，却又不会过于强烈而破坏料理的味道，还可以让咸鲜味更加突显，因此在吃佛跳墙等强调鲜味的料理时，就会佐搭一小匙的乌醋提味。

## 〈 保存要诀 〉

· 醋本身具有抗菌防腐的功效，市售乌醋出厂前多经过滤与杀菌后才封瓶，所以放置于阴凉处，并确定未沾染生水等不洁物质，瓶盖封好可保存一年以上。

· 纯酿造的醋若是存放得宜，甚至摆放五年、十年也不会坏，味道反而更陈香醇郁。

Check!

**挑选技巧**

1 乌醋分两种，一种是添加蔬果与辛香料酿制而成，另一种则是素食者专用。

2 素食乌醋少了葱姜蒜等辛香料，常用香菇、昆布增鲜提味，所以味道较清新，包装瓶身会特别标示“素食专用”，从原料成分也能辨别。

# Worcestershire Sauce

# 〈日本浓果醋〉

腌渍 炖 煮 炒 炸物蘸酱

日本浓果醋可说是乌斯特酱的变化版（后面会再介绍到乌斯特酱），乌斯特酱于江户末期传入日本，当时由于日本人对辣味的忍受度较低，因此使用加量的蔬果取代原本的鳀鱼与辛香料，发展出辣度较低、味道更柔和并且富蔬果香的版本，成为具有代表性的日式酱料。

日本浓果醋是这类酱汁的统称，因各地、各厂牌的配方不同，使用的原料略有差异，产生了不同的风味与浓度，市售罐装多以浓稠度为区隔，如“清”、“中浓”以及“最浓”，单独使用或与其他佐料混合都很合适。

## 〈 功能应用 〉

**各式料理** 多元而温和的风味适合炖煮料理，或是当成炸物的蘸酱、大阪烧的淋酱，或是拿来炒面、加在咖喱中增添浓度和风味，用途非常广泛。

**腌渍肉类** 可消除腥味，浓果醋本身即带有浓厚的蔬果甘甜与辛香料的香味，可以取代其他的腌料。

**拌饭拌面** 浓果醋因味道丰富又香醇，即使单独淋在白饭或面上也很够味，有时来不及料理，日本家庭会酱拌饭面配简单的一两道菜，轻松解决一餐。

浓果醋分浓度，瓶身上会标示清、中浓、最浓，或依用途注明为乌斯特酱、猪排酱、大阪烧酱、炒面酱等，可依料理需求和个人习惯选用。

## 〈 保存要诀 〉

- 开封前请放置于阴凉处，开封后需收进冰箱冷藏保存，因久放易变质，请留意保存期限并尽快食用完毕。

# A 乌醋拌面酱

使用乌醋

沙拉 火锅 蘸酱 海鲜 鸡肉 猪肉 牛肉 蔬菜 面条 菇类 鸡蛋

**材料**

青葱............. 30g
红辣椒.......... 15g
乌醋............. 50mL
酱油............. 30mL
香油............. 15mL
盐................. 适量
白胡椒粉...... 适量

**如何保存**

使用前适量制作即可。做好的酱室温下可放置 2–3 小时，冷藏 1 天。

**做法**

1 青葱切葱花，红辣椒切末备用。
2 再把乌醋、酱油、香油、盐、白胡椒粉调匀。
3 最后将葱花、红辣椒末放到酱里即可。

# B 芝麻猪排酱

使用日本浓果醋

沙拉 火锅 蘸酱 炸鱼排 炸牡蛎 炸猪排 炸蔬菜 牛肉 炸虾

**材料**

日本浓果醋 .. 100mL
黑白芝麻...... 15g

**如何保存**

使用前适量制作即可。做好的酱于室温下可放置 2–3 小时，因有芝麻不建议放在冰箱冷藏、冷冻。

**做法**

黑白芝麻磨碎，放入中浓酱混合搅拌均匀即可。

Tips

黑白芝麻应先用烤箱烤过，或用干锅炒至香味散发，再来磨碎或切碎，香味才会足够。

A

B

Tips

喜欢吃辣者，可依个人口味加入辣油，或把红辣椒改成辣度更高的朝天椒。

Tips

日本浓果醋替炒面带来酸香的蔬果味，酱汁可依个人喜好口味浓淡添加。如手边没有英式乌斯特酱（Worcestershire sauce），就买坊间常见的“辣酱油”即可。

# 日式炒面

使用日本浓果醋

## 材料

猪肉片……100g
卷心菜……50g
胡萝卜……30g
日本浓果醋……30mL
英式乌斯特酱……30mL
酱油……15mL
鸡蛋……1粒
海苔丝……2g
日式拉面……250g
蔬菜油……25mL

## 做法

1 卷心菜、胡萝卜洗净切片，另将日本浓果醋、英式乌斯特酱、酱油调和拌匀，日式拉面用热水烫过捞起。
2 起锅，放入少许蔬菜油炒猪肉片、胡萝卜、卷心菜片，再放入调好的酱，把烫过的日式拉面放入，拌炒均匀即盛盘。
3 另起煎锅放入蔬菜油煎蛋，待煎至蛋黄定型即铲出放在面上，再撒点海苔丝即可。

# Fruit Vinegar

# 果醋

腌渍 凉拌 饮料

水果醋的种类众多，日常生活中以苹果醋、梅子醋、柠檬醋、蔓越莓醋最为常见。果醋因为带有水果甘甜芳醇的香气与甜味，还保有水果本身的氨基酸、维生素、矿物质，所以在生活中被广泛地应用。

料理烹饪时，最常使用的为苹果醋、葡萄醋和柑橘醋，除了一般超市常见的玻璃瓶装含糖果醋，兑水可饮用亦可做腌渍、凉拌料理，进口酱料区也常陈列料理专用的红葡萄醋、白葡萄醋、香料醋，与沙拉或烤肉最配，有清爽解腻的效果。

红葡萄醋

苹果醋

## 功能应用

**制作酱汁** 使用果醋可搭配油品调出带果香味的油醋，制成风味清爽的沙拉酱，或是取代醋制作各式调味酱料。

**爽口凉拌菜** 酸甜富果香是水果醋的优点，果醋常用于醋渍小番茄、凉拌洋葱丝、醋拌莲藕，清爽又开胃。

**调制饮料** 果醋可以饮用，请依瓶身标示的比例兑水调整浓淡，可加入开水或气泡水，果醋因富含酵素，对健康有益，尤其在食用了肉后，可选择柳橙醋或凤梨醋，帮助解除油腻，促进肠胃道蠕动。

## 保存要诀

• 视所需用量选购适当的大小容量，平日应存放在阴凉低温处，开封后则置于冰箱保存。

1 果醋分料理专用与调饮料用，瓶身上会标示，或者可依含糖与否判断选择。

2 购买时请留意原料成分，了解为纯酿造醋、浸泡醋，或是醋加糖、香料、果汁调制而成。

3 天然果醋的香气较淡，喝起来醇郁回甘，没有剧烈、长时间的刺激感，若是用香料增香的果醋，香味持久让人觉得腻，口感也较刺激。

**Tips**

橙醋因带有酸味和果香，滋味清新芬芳，同时可去油解腻，也可作为火锅的蘸酱。

# 日式和风酱

### 材料

苹果泥.......... 100g
洋葱泥.......... 25g
沙拉油.......... 50mL
橙醋............. 200mL
白醋............. 25mL
黄芥末粉...... 15g
白砂糖.......... 5g
白芝麻.......... 3g
盐................. 适量
白胡椒粉...... 适量

### 如何保存

可事先做好放起来，想吃随时取用。做好的酱室温下可放置 1–2 小时，冷藏 1–2 周。

### 做法

1. 橙醋、白醋、黄芥末粉、砂糖、盐、白胡椒粉调和均匀。
2. 再放苹果泥、洋葱泥、沙拉油、白芝麻拌匀即可。

现磨苹果泥，带来香气与口感

# 果醋腌梅子番茄

### 材料

小番茄.......... 450g
绍兴梅.......... 7 粒
苹果醋.......... 250mL
冰糖.............. 25g

### 做法

1 小番茄洗净在尾端划十字，丢入热水氽烫约十秒后移入冷开水里冰镇，剥除番茄皮备用。
2 苹果醋倒入锅内，加冰糖、绍兴梅煮开后放凉。
3 小番茄以冷的酱汁腌泡约 1 天即可食用。

番茄底部先划十字，烫好就很容易剥皮

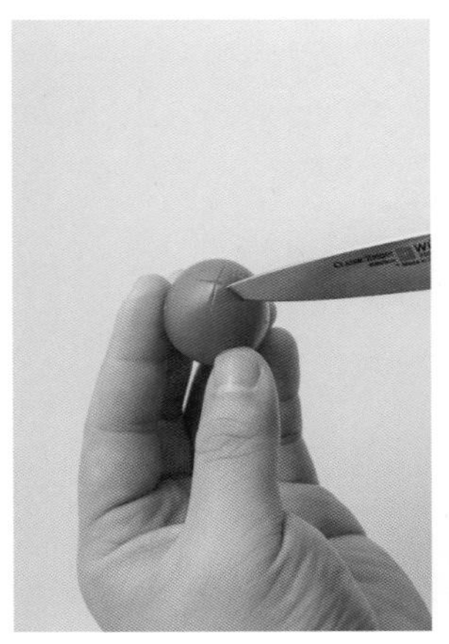

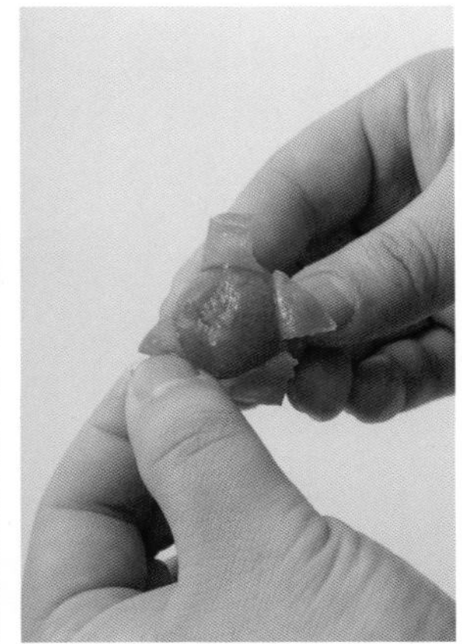

**Tips**

冰糖用蜂蜜替代，做出来的腌番茄也很美味，但蜂蜜放的量要比冰糖多，并且避开加热的程序，在步骤 2 的梅醋液放凉后再加入蜂蜜调和均匀。

# Worcestershire Sauce

# 〈乌斯特酱〉

炖 煮 炒 蘸酱 调酒

乌斯特酱源于英国，据传在 1840 年由李先生（Mr. Lea）和派林先生（Mr. Parrins）共同研发，当时他们制作出的酱料味道浓烈得吓人，后来储存在地下室被遗忘数年，再开封时味道竟变得柔顺许多，而后衍生出知名的乌斯特酱。

乌斯特酱传入亚洲后被称作辣酱油、辣香醋、英国黑醋等，是英式料理中普遍会使用到的酱料，这种深褐色的酱汁，除了酸味也带有辣味与微微的甜味，使用主原料有大麦醋、白醋、糖、盐、鳀鱼、洋葱、罗望子萃取物与多种香料和调味料，经熬煮过滤后制成。

## 〈 功能应用 〉

**肉类蘸酱** 乌斯特酱特别适合与肉类食材搭配，时常出现于牛排餐馆里，作为搭配牛排的酱汁。

**调酒** 乌斯特酱是经典调酒血腥玛丽（Bloody Mary）里不可或缺的一味，血腥玛丽被视为最复杂的鸡尾酒，乌斯特酱带酸、甜、辣的多层次味道，与血腥玛莉多变的风味不谋而合。

**汤品调味** 乌斯特酱虽非浓汤的主要调味料，但在浓汤中加几滴乌斯特酱，能够让汤品的味道更丰富，微微的辣度也增加味觉的刺激。

Check!

## 挑选技巧

1 乌斯特酱同时也拥有辣酱油、辣香酢等名称，发展至今，各家品牌都创造出了属于自己的味道，可依个人口味偏好选择。

2 值得一提的是，李派林乌斯特酱相传是乌斯特酱的发明者，也是最早生产且贩售乌斯特酱的品牌，如果是第一次购买不妨考虑看看！

老牌子李派林乌斯特酱

## 〈 保存要诀 〉

· 开封前放置于阴凉处，开封后需收进冰箱冷藏保存。

# Balsamic Vinegar

# 〈巴萨米克醋〉

凉拌 炒

巴萨米克醋是意大利著名的经典调味品之一。制作巴萨米克醋时，需将葡萄连皮榨汁，经过熬煮使容量浓缩，接着放入木桶发酵成醋，最后陈放熟成，熟成时间短则三年，长则超过半世纪都不令人意外。

好的巴萨米克醋价格不菲，从葡萄品种、产区、木桶大小到酿造熟成的时间，都影响着巴萨米克醋的品质与售价，其复杂与讲究的程度并不亚于红酒。一般而言，巴萨米克醋最常当成淋酱或油醋酱，较少用于烹调熟食上。

## 〈 功能应用 〉

**搭配橄榄油** 巴萨米克醋调和橄榄油，搭配原味欧式面包是非常普遍的吃法，若以“油：醋＝ 3 ： 1”的比例混合，则成了经典油醋酱，适合搭配生菜沙拉食用。

**直接淋盘** 巴萨米克醋本身有均衡浓重的口感和丰富的香甜气息，即使单独品尝都非常可口，可直接淋盘或加入已经煮好的料理中提味，菜式越简单，越能品尝到巴萨米克醋与食材相得益彰的滋味。

## 〈 保存要诀 〉

· 放置于常温且阴凉干燥处，在保存环境、温度等条件稳定的状况下，能够长时间保存数年。

1 市面上的巴萨米克醋选择非常多，价格区间差异极大，差别在于制程与陈年年份。陈年越久，味道越温和和谐、味香质稠，价格自然越高。

2 挑选则以实际品尝嗅闻感受的味道为依据，若带有酸呛味或酒味，则为品质较差的巴萨米克醋。

3 以欧洲进口的巴萨米克醋而言，欧盟特别制定标签划分产地与制造方式。

| | |
|---|---|
| **传统级巴萨米克醋**<br>( Aceto Balsamico Tradizionale) | 价高珍贵，受原产地名称保护制度 (D.O.P) 认证，熟成时间至少 12 年。 |
| **摩德纳巴萨米克醋**<br>( Aceto Balsamico di Modena) | ( I.G.P) 认证，属于特定地区制造并且符合制作标准，是许多职人饕客料理时的首选。 |
| **调味品级巴萨米克醋**<br>( Aceto Balsamico) | 普遍较平价且于认证外的皆属此类，品质因不受规范所以参差不齐。 |

## A 意式油醋酱

使用巴萨米克醋

沙拉 火锅 蘸酱 海鲜 鸡肉 猪肉 牛肉 蔬菜 面包 菇类 鸡蛋

**材料**

橄榄油............180mL
巴萨米克醋.....60mL
现磨黑胡椒.....适量
盐....................适量

**如何保存**

使用前适量制作即可。做好的酱于室温下可放置 2 小时，装入加盖玻璃罐可冷藏 2–3 周。

**做法**

将上述所有材料混合搅拌均匀，即可当佐料食用。

## B 烤猪肋排酱

使用乌斯特酱

沙拉 烧烤 蘸酱 海鲜 鸡肉 猪肉 牛肉 蔬菜 面条 菇类 鸡蛋

**材料**

番茄酱.......... 120mL
蜂蜜.............. 60mL
乌斯特酱...... 60mL
红椒粉.......... 15g
黑胡椒粉...... 10g
黑糖.............. 10g
黄芥末酱...... 15g
苹果酒醋...... 15mL
水................. 50mL

**如何保存**

使用前适量制作即可。做好的酱于室温下可放置 2–3 小时，装入加盖玻璃罐可冷藏 2–3 周。

**做法**

将水、苹果醋、黑糖、黄芥末酱、红椒粉、黑胡椒粉调和拌匀，以中火加热，放入番茄酱、乌斯特酱煮开后关火，再加入蜂蜜拌匀即可。

Tips
如没苹果醋可换成白醋。煮酱汁时要不定时搅动，火候也不能太大，免得黏锅烧焦。
B
A
Tips
巴萨米克醋是掌握酸度的关键，可依个人喜好酌量调整配方，如果喜欢甜一点，也可加少许糖。

专栏

# 〈 拌面拌饭好朋友 〉

## 卤肉肉燥酱

**[ 材料 ]**

五花肉 450g
粉姜 15g
蒜头 30g
红葱头 100g
酱油 160mL
酱油膏 50mL
五香粉 2.5g
白胡椒粉 5g
冰糖 30g
水 1L
米酒 30mL
蔬菜油 100mL

**如何保存**

肉燥酱室温下可放 2 天，冷藏 2 周，冷冻 1-2 个月。

**[ 做法 ]**

1 姜、蒜头切碎，红葱头切片，五花肉绞成碎肉，备用。
2 起锅放入蔬菜油，以小火炒至红葱头片金黄色拿起，原锅放入五花碎肉炒香至半熟，再加姜、蒜头碎炒出香味。
3 接着放米酒、酱油、酱油膏、五香粉、白胡椒粉、冰糖、水煮开后，慢慢熬煮约 1 小时，放入步骤 2 炒过的红葱头拌匀续煮约 20 分钟即可。

## 台式炸酱

**[ 材料 ]**

胛心猪绞肉 350g
虾米 50g
蒜头 15g
红葱头 15g
青葱 12g
豆瓣酱 120g
甜面酱 160g
酱油 30mL
冰糖 10g
白胡椒粉 2g
水 150mL
蔬菜油 15mL

**如何保存**

炸酱室温下可放 3-4 天，冷藏 2-3 周，冷冻 2-3 个月。

**[ 做法 ]**

1 虾米泡水后滤干水分，和蒜头、红葱头、青葱切碎备用。
2 起锅放蔬菜油，先炒胛心猪绞肉，微煸一下让肉有香味，之后加虾米、蒜头、红葱头、青葱碎炒香。
3 接着放入豆瓣酱、甜面酱、酱油、冰糖、白胡椒粉，拌匀加水以小火熬煮 45 分钟至水分变少即可。

**[ 材料 ]**

胛心猪绞肉　350g
五香豆干　150g
沙拉笋　80g
香菇　50g
虾米　30g
蒜头　20g
青葱白　12g
甜面酱　45g
豆瓣酱　30g
酱油　20g
冰糖　5g
白胡椒粉　2g
水　100mL
米酒　15mL
太白粉水　适量
蔬菜油　15mL

**如何保存**

豆干炸酱室温下可放 1 天，冷藏 1 周。

**[ 做法 ]**

1 五香豆干、沙拉笋、香菇切成丁，虾米泡过水滤干切碎，蒜头、青葱白切碎。
2 起锅放入蔬菜油，先煸炒一下胛心猪绞肉，之后加入虾米、蒜头、青葱白碎拌炒，再放入香菇、沙拉笋、五香豆干丁。
3 接着倒下米酒、酱油、甜面酱、豆瓣酱、冰糖、白胡椒粉、水，煮开后转小火继续煮 35 分钟，再用太白粉水勾芡即可。

## 香菇素肉燥酱

**[ 材料 ]**

干香菇　120g
炸素肉　200g
西芹　60g
沙拉笋　50g
粉姜　15g
甜面酱　30g
豆瓣酱　15g
酱油　15g
素蚝油　15g
冰糖　5g
水　100mL
太白粉水　适量
蔬菜油　15mL

**如何保存**

香菇素肉燥酱在室温下可放 1 天，冷藏 1 周。

**[ 做法 ]**

1 干香菇先泡软切丁，炸过的素肉、西芹、沙拉笋切丁，姜切碎。
2 起锅放入蔬菜油，以中火先炒香香菇、姜、沙拉笋、西芹、素肉。
3 再放入酱油、甜面酱、豆瓣酱、素蚝油、糖、水拌均匀，煮开后转小火继续煮约 20 分钟，之后用太白粉水勾芡即可。

MAILLE
1747
MAILLE
Dijon Originale
양념이 맛있는
쌈장
500 g

# Part 2

## 调和调味品

# Miso
# 味噌

腌渍 烧烤 炒 做酱 煮汤

## 深沉浓郁的黄豆发酵香气

味噌的种类多元，尤其在日本，许多地区都有独具特色的味噌，如宫城县的仙台味噌、长野县的信州味噌、爱知县的八丁味噌、鹿儿岛县的萨摩味噌等。

常有人问：“中国台湾的味噌和日本的味噌差别是什么？”其实原料上大同小异，主要在于添加的水量、盐量与发酵曲菌的差别，通常中国台湾的味噌发酵速度较快，而日本的味噌用盐量较高，种种要素使得台湾和日本的味噌风味各具特色。

## 〈 功能应用 〉

**除腥增味** 以味噌腌渍肉类或煮鱼汤，味噌历经了发酵熟成，自然酝酿出温润、醇厚的滋味，能发挥去除腥味的效果，让料理更加鲜美。

**各式料理** 味噌的用途极广，除了煮味噌汤，田乐烧也是涂了特制味噌酱的日式经典料理。一般来说，红味噌（赤味噌）较适合煮汤、炒肉、腌渍和调酱，而白味噌常用于腌渍鱼类、煮汤，用法没有标准答案，依喜好选择即可。

## 〈 保存要诀 〉

· 使用干燥、干净的餐具挖取，并依包装说明保存，开封后请收入冰箱冷藏，在保存期限内食用完毕。

· 味噌久放颜色会变暗、变深，这是与空气接触氧化的结果，如担心变质，可将上层刮掉取用下层味噌，但若发出异味或发霉则应丢弃。

1 超市货架上的味噌琳琅满目，请依喜好选择，从实际经验观察，多数台湾消费者对白味噌的接受度较高。

2 市售味噌以袋装或盒装居多，无氧化或污染的疑虑，桶装味噌虽可视需求舀取称重，优点是能少量试味道，合胃口再买，但仍应留意品质与保存状况。

## A 味噌腌酱 使用白味噌

蘸酱 烧烤 海鲜 鱼肉 鸡肉 猪肉 牛肉 蔬菜 面饭 甜品 饮料

**材料**

白味噌..........20g
味醂..............45mL
黄砂糖..........5g
米酒..............15mL
蒜头..............15g
水..................100mL

**如何保存**

可事先做好放起来，需要时随时取用。做好的腌酱室温下可放置 3–4 天，冷藏 2–3 周，冷冻 2–3 个月。

**做法**

蒜头磨成泥，与其他材料全部拌在一起调和均匀即可。

## B 味噌猪排酱 使用八丁红味噌

蘸酱 烧烤 海鲜 鱼肉 鸡肉 猪肉 牛肉 蔬菜 面饭 甜品 饮料

**材料**

八丁味噌 ...... 50g
柴鱼高汤 ...... 200mL
黄砂糖.......... 10g
米酒.............. 15mL

**如何保存**

可事先做好放起来，需要时随时取用。做好的猪排酱室温下可放 3–4 天，冷藏 2–3 周，冷冻 2–3 个月。

**做法**

将八丁味噌和柴鱼高汤拌均匀，再加入砂糖、米酒，用小火煮开即可。

### 有趣小知识：味噌种类怎么分？

简单来说，可从“主要原料”、“研磨粗细”、“颜色深浅”、“不同风味”四个方面区分：

**主要原料** 分豆味噌、米味噌、麦味噌、调和味噌，原料蒸熟后加入曲菌和盐拌匀静待发酵熟成。

**研磨粗细** 成品依研磨颗粒粗细，有粗味噌、细味噌、粒味噌之差异。

**颜色深浅** 以白味噌（淡色味噌）与红味噌为主，颜色除了受原料影响，也和熟成时间长短有关，时间越长颜色越深，风味也更醇厚，知名的八丁味噌就经过两年以上的历练，所以色泽近深咖啡色，滋味浓重醇郁。

**不同风味** 分甘口（偏淡、偏甜）和辛口（偏咸），另有鲣鱼风味、昆布风味之分别。

Tips

如果要腌海鲜，调酱时可多放话梅或有汤汁的紫苏梅一起腌泡，帮助去除海鲜的腥味。

Tips

八丁味噌属红味噌的一种，颜色和风味都很浓郁，若买不到八丁味噌，可用红味噌取代再调味。柴鱼高汤以“厚柴鱼片：水 = 15g：1L”的比例，焖煮约 15 分钟后过滤即为高汤。

Tips

味噌烧烤酱使用了易酸坏的苹果泥，建议视所需分量制作就好，多的酱也不适合冷冻，容易变味。酒糟是酿酒剩余的原料，可用酒酿替代，超市或传统市场、杂货铺都能买到。

蘸酱 烧烤 海鲜 鱼肉 鸡肉 猪肉 牛肉 蔬菜 面饭 甜品 饮料

## C 味噌烧烤酱

使用白味噌

### 材料

白味噌..........30g
苹果汁..........100mL
苹果泥..........30g
酒糟.............30g
米酒.............15mL

### 如何保存

使用前适量制作即可。做好的烧烤酱于室温下可放置 3 小时，冷藏 1 周。

### 做法

所有材料全部拌在一起调和均匀即可。

## 味噌鲑鱼豆腐锅

使用白味噌

### 材料

鲑鱼头（剁块）......350g
油豆腐..................120g
白玉菇..................60g
洋葱......................50g
卷心菜..................50g
胡萝卜..................10g
老姜......................15g
蒜头......................10g
奶油......................10g
白砂糖..................5g
柴鱼片..................30g
青葱......................10g
白味噌..................30g
水..........................1.5L
七味粉..................适量

### 做法

1 生鲜食材洗净，将油豆腐切块，白玉菇切段，洋葱、卷心菜、胡萝卜、姜、青葱切丝，蒜头切片备用。
2 水放入锅中煮开，加柴鱼片煮约 15 分钟后过滤，留下柴鱼汤备用。
3 另备一锅，放入奶油炒香，下洋葱、姜、蒜头、白玉菇、胡萝卜、卷心菜拌炒再加入砂糖。
4 倒入柴鱼高汤等煮开后放白味噌，转小火，再加鲑鱼头块、油豆腐，慢慢煮熟，最后将汤料盛碗，并放上青葱丝，撒七味粉即可。

**Tips**

煮味噌汤时，切记味噌不能一开始就放入，否则经过久煮会失去豆香和味道！

专栏

# 餐餐少不了味噌汤

## 鲑鱼味噌汤

**[材料]**

白味噌　25g
红味噌　25g
鲑鱼肉块　100g
板豆腐　50g
老姜　5g
味醂　15g
芹菜　5g
水　400mL
柴鱼片　10g

**[做法]**

1 板豆腐切丁、姜切丝、芹菜去叶切末。
2 水放入锅内，加柴鱼片煮约10分钟后过滤，加姜丝、味醂煮开后转小火，再加白味噌和红味噌在汤里搅散调匀。
3 接着放入鲑鱼块慢火煮熟，之后加豆腐丁，最后撒上芹菜末即可。

## 海带芽味噌汤

**[材料]**

白味噌　50g
干海带芽　10g
柴鱼片　10g
青葱　5g
水　400mL

**[做法]**

1 青葱洗净切成葱花，备用。
2 水放入锅内，加柴鱼片煮约10分钟后过滤，加干海带芽煮开后转小火，接着放味噌在汤里搅散，煮滚再撒点葱花即可。

## 小鱼干味噌汤

**[材料]**

小鱼干　15g
板豆腐　50g
白味噌　50g
柴鱼粉　15g
干海带芽　10g
青葱　5g
水　400mL

**[做法]**

1 小鱼干洗净、板豆腐切小丁、青葱切葱花。
2 将水倒入锅内，放小鱼干、干海带芽、柴鱼粉，煮开后转小火，再放白味噌搅散。
3 加豆腐丁、青葱花，煮开即可关火。

## 鲜蔬味噌汤

[ 材料 ]

蟹味菇　50g
白萝卜　30g
胡萝卜　30g
牛蒡　20g
豆皮　20g
白味噌　50g
芹菜（去叶）　5g
水　400mL

[ 做法 ]

1 食材洗净，牛蒡用刀背去皮切片，胡萝卜、白萝卜去皮切片，豆皮切片，芹菜切末，蟹味菇切段。

2 起锅放入蟹味菇干炒出香味，再加牛蒡、胡萝卜、白萝卜片、水，煮开后转小火。

3 加白味噌搅散，煮至蔬菜熟软再放豆皮、芹菜末即可。

## 野菇味噌汤

[ 材料 ]

新鲜香菇　60g
秀珍菇　60g
白玉菇　50g
鲍鱼菇　50g
老姜　10g
油豆腐　60g
白味噌　50g
水　400mL
青葱　5g

[ 做法 ]

1 食材洗净，新鲜香菇，鲍鱼菇切丝，秀珍菇、白玉菇切段，姜切丝，油豆腐切丁，青葱切葱花。

2 起锅加热，放入香菇、秀珍菇、白玉菇、鲍鱼菇等干锅炒软，再加姜丝拌炒。

3 水煮开后转小火，加入白味噌搅散，接着放油豆腐丁，煮熟后撒青葱花即可。

## 蛤蜊味噌汤

[ 材料 ]

蛤蜊　15 粒
白味噌　30g
干海带芽　5g
白萝卜　15g
板豆腐　50g
青葱　5g
水　400mL
柴鱼粉　15g

[ 做法 ]

1 白萝卜洗净削皮切成薄片，板豆腐切丁，青葱切末，蛤蜊泡水吐沙，备用。

2 水煮开后加干海带芽、柴鱼粉，煮出味道再放白萝卜片。

3 转小火放白味噌搅散，再下蛤蜊待壳开加豆腐丁和青葱末即可。

# Soybean Paste
# 〈韩式大酱〉

热炒 凉拌 炖煮 调酱

**发酵后色香诱人的地道韩味**

韩式大酱又称韩式豆酱或韩式味噌酱，以炒熟的黄豆（大豆）加入盐水自然发酵而成，呈黄褐色，具浓稠度、酱香味咸，是韩国家家户户必备的调味料，地位等同于日本人厨房里的味噌。

韩剧中每到用餐时间，一定少不了几道凉拌菜、泡菜和汤，而这个汤，常常是指以大酱煮成的海带汤，海带汤对韩国人来说是重要的餐桌日常菜品。在韩国，大酱口味及种类多达十几种，区分产地、发酵时间、发酵方法等，发酵时间从一年、两年至三年都有，时间越长水分越干、色泽偏深，气味也会越来越浓郁、咸味越重，价钱自然更高。偏大众口味的俗称农村大酱，发酵时间只需几个月，口味清淡，咸中略带甜味。

## 〈 功能应用 〉

有颗粒感

**带来饱腹感** 韩式大酱的特色是脂肪含量少、热量低，含有豆类粗纤维，多食用能增加饱腹感。

**快煮好汤** 韩式大酱以大火快煮最美味，最常用来烹煮大酱海带汤，滚沸即可关火，以免越煮越咸。

**调制包酱** 除了煮汤、煮菜，也可再和其他酱料调和成包酱，搭配生菜或烤肉或白饭一起吃，又咸又香很有滋味。

1 中国台湾几乎无法买到手工制作的韩国大酱，但超市或食材店都有韩国进口的盒装大酱可以选购。

2 大酱多半以棕色盒罐盛装（红盒为韩式辣酱，绿盒为韩式包饭酱），请选择有信誉的大品牌，并注意保存期限及添加物多寡。

韩式包饭酱

## 〈 保存要诀 〉

· 开封前可置于不会被太阳直晒的阴凉干燥处常温保存，但台湾的天气较潮湿炎热，一旦开封务必收进冰箱冷藏。

Tips

传统的韩国大酱汤，会用第三次的淘米水烹煮，增加稠度和香气，煮出来的汤滋味特别好。

# 鲜蔬大酱汤

### 材料

淘米水.......... 1.5L
韩式大酱...... 80g
马铃薯.......... 60g
西葫芦.......... 50g
金针菇 ......... 25g
青蒜.............. 12g
小鱼干 .......... 15g
干昆布 .......... 15g
洋葱.............. 40g
板豆腐.......... 120g
绿辣椒.......... 12g
韩式辣酱...... 20g

昆布替汤头带来
醇厚的鲜味

### 做法

1 马铃薯去皮切丁，西葫芦、洋葱、青蒜、板豆腐切丁，金针菇对切两段，绿辣椒切片，备用。
2 取锅放入淘米水、干昆布、小鱼干，煮开后加洋葱、马铃薯、西葫芦、绿辣椒、金针菇慢煮。
3 再放韩式大酱和辣酱拌匀后，加青蒜、豆腐，用慢火煮至蔬菜熟即可。

# Hot Pepper Paste
# 韩式辣酱

腌渍 煮汤 拌饭 热炒 调酱 蔬菜蘸酱

韩式辣酱也称苦椒酱，是以谷物为主原料，添加辣椒粉、食盐、麦芽糖、红曲、食用酒精等成分制作而成，是韩国人必备的传统调味圣品，拥有诱人的鲜红色泽，因含有糖的成分所以味道鲜香微甜，口味不死咸、不麻辣，可以直接蘸或拿来烹饪料理，容易掌控咸度与辣度，厨房里绝对不可少了它相伴。

随着韩流在台风行，要购买韩式辣酱也相对变得容易，在一般超市、大卖场、进口超市的酱料区，或到韩国街、专售韩国食品的店铺等，都可以轻松买到各式各样的韩国调味料。

## 功能应用

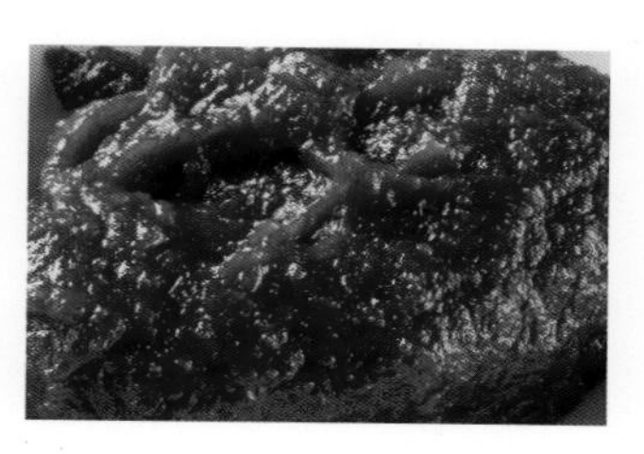

**鲜红火辣的口味** 韩国人热爱辣的口感，几乎所有料理都能加入韩式辣酱，味道辣而不麻，常用于辣炒年糕、辣炒鸡、泡菜锅等菜肴，扮演提供色香味的重要角色。

**去腥提鲜** 韩式辣酱能对海鲜去腥提鲜，以辣酱调制的生海鲜腌酱会增添咸鲜的海洋风味，制作腌花枝、腌章鱼、腌螃蟹等冰凉小菜，爽口开胃到白饭一碗接一碗。

## 保存要诀

- 开封前可置放在阴凉干燥、不会被太阳直晒处常温保存。开封后建议收进冰箱冷藏保存，并尽快使用完毕。

**1** 在台湾买到韩式辣酱一点也不难，许多超市、卖场、专卖店都有韩国进口的盒装辣酱可以选购，请选择有信誉的大品牌，并注意保存期限及添加物多寡。

**2** 若是初次尝试烹调或用量不大，建议优先购买小盒装，试试味道且容易保鲜。

Tips

白芝麻以热锅不放油干炒，香味才会出来，冷却后再加进酱汁里。如酱汁打算放冷冻、冷藏，建议白芝麻吃之前再加才能保留口感。

# 韩式冷面拌酱

### 材料

韩式辣椒酱.....60g
韩国辣椒粉.....10g
酱油................10mL
果糖................15mL
白醋................60mL
白砂糖............5g
蒜泥................5g
韩式芝麻油.....5mL
白芝麻............5g

### 如何保存

可事先做起来随时取用。做好的冷面拌酱于室温下可放置 3–4 天，冷藏 2–3 周，冷冻 2–3 个月。

### 做法

把所有材料全放进钢盆里搅拌均匀至溶解即可。

Tips

依个人喜好增减酱汁用量，如果喜欢辣味可多加些辣椒粉。韩国人也会在煮年糕时加入薄鱼板切片，如果买不到可用甜不辣片替代。

# 辣炒年糕

## 材料

韩式年糕条.....250g
洋葱.................50g
青葱.................20g
卷心菜.............80g
蒜头.................10g
韩式辣酱.........30g
酱油.................10mL
韩式辣椒粉.....10g
白砂糖.............10g
水.....................200mL
蔬菜油.............15mL

## 做法

1 年糕先用热水煮软再滤干水分。青葱切段、蒜头切片，洋葱、卷心菜切丝，备用。
2 将韩式辣酱、酱油、辣椒粉、白砂糖、水混合搅拌均匀。
3 起锅先放入蔬菜油炒香蒜片、洋葱，再加年糕、酱汁煮开，让酱汁逐渐被年糕吸收，再放卷心菜、青葱拌炒均匀即可。

# Rice Koji
# 米曲

腌渍 调酱 各式烹调

盐曲

米曲是制作盐曲的主要原料，呈干燥的松散颗粒状或固体块状，放大近看可发现表面布满白色菌丝。米曲本身无法单独调味，必须和米曲、盐及水加在一起拌匀，经一至二周发酵熟成后即制成盐曲，还可制作酱油曲、甘曲、甘酒、味噌等发酵食品，用途广泛。

盐曲也称盐糀，呈米白色、微黄色，质地浓稠，因为经过发酵所以散发淡淡酒香、咸中带甜，在日本的家庭料理中应用相当普遍，常用以取代盐或酱油，发挥调味或腌渍的效果，让料理的滋味更有层次。

米曲

## 功能应用

**腌渍食材** 盐曲虽不同于盐，却常用以取代盐，秘诀在于盐曲的咸度稍低、味道更温润醇厚，拿来腌渍小黄瓜等凉拌菜清爽可口。

**软化肉质** 盐曲的曲菌含分解酵素，能分解蛋白质，达到软化肉质之效，同时丰富食物的层次、提升味觉鲜美度，带有回甘风味。

**料理调味** 可视为代替盐的甘醇酱料，应用于料理调味上不仅能增加咸度，更能提引出食材原味，让菜肴更美味。

## 保存要诀

· 市售瓶罐装盐曲开封后请冷藏，冷藏约保存半年，并尽快食用完毕。

· 自制盐曲做好后请冷藏，使用时以干净、干燥的餐具挖取，并应尽快食用完毕。

1 市面上有贩售干燥米曲颗粒的，消费者可买回家自行调配盐曲，更经济实惠；也可在超市、食品行购得现成的罐装盐曲。

2 各家盐曲的咸度、风味各有千秋，可随喜好挑选，喜欢尝鲜者，另有大蒜、罗勒等不同风味可供选择。

自制盐曲

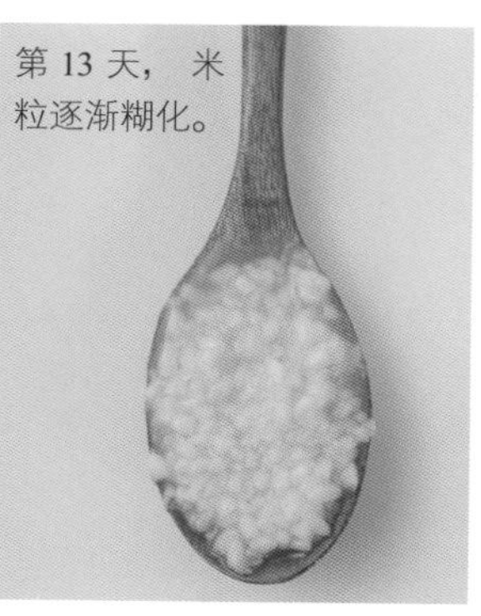
第 13 天，米粒逐渐糊化。

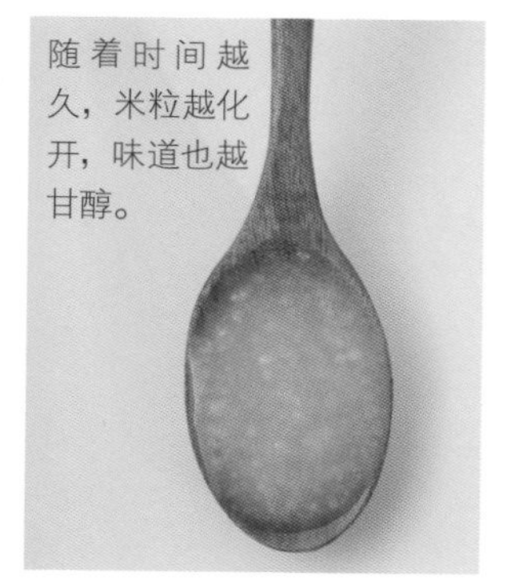
随着时间越久，米粒越化开，味道也越甘醇。

# A 自制盐曲

**材料**

干燥米曲...... 100g
天然海盐...... 35g
水................ 200mL

**如何保存**

可事先做好放起来，想吃随时取用。盐曲制作完成应冷藏，可保存 3−6 个月。

**做法**

1 准备干净的大碗，先放入干燥的米曲颗粒，再加入盐稍微搓揉拌匀，接着倒微温约 30℃～35℃的水，继续搅拌数分钟至盐溶解。

2 准备消毒好的干燥玻璃瓶，把拌好的盐曲装入，置于室内常温处 7−14 天（视当时气温影响决定时间长短）。瓶盖不要锁紧，每天开瓶用干净汤匙翻搅一下，待逐渐糊化呈稀饭状即可锁紧盖子，放入冰箱冷藏。

# B 盐曲沙拉酱

延伸制作

沙拉 烧烤 海鲜 鱼肉 鸡肉 猪肉 牛肉 蔬菜 面饭 甜品 饮料

**材料**

盐曲........................ 5g
橄榄油................... 90mL
柠檬汁................... 30mL
研磨黑胡椒碎 ....... 适量

**如何保存**

使用前适量制作即可。盐曲沙拉酱于室温下可放置 2 小时，冷藏 1−2 天。

**做法**

盐曲和柠檬汁一起搅拌，再慢慢加入橄榄油拌匀，最后放研磨黑胡椒碎即可。

Tips

比起一般含油、含糖量较高的沙拉酱，盐曲沙拉酱的口味更清淡爽口，还能依个人喜好调整咸度跟酸度。

Tips

这里使用干燥米曲颗粒，在日系食材店或网络上可购买到。制作盐曲时，每天都要开瓶搅拌帮助发酵，搅拌时请用干净餐具，以免变质、产生异味或发霉。

# 盐曲小黄瓜

**材料**

小黄瓜..........360g
盐曲..............60g

**做法**

1 小黄瓜洗净擦干，用刨刀刨成长片，将盐曲涂抹于小黄瓜上，冷藏约一天等待入味。
2 第二天用凉开水稍微冲淡盐曲，擦干后卷起来即可食用。

**Tips**

用盐曲替代盐，小黄瓜清甜脆口的滋味更易突显，放在密封袋内均匀搓揉涂抹会更入味。

# 酱油曲

延伸制作

### 材料

干燥米曲......300g

酱油.............600mL

### 如何保存

可事先做好放起来，想吃随时取用。酱油曲在室温下可放置 3–5 天，冷藏 3–6 个月。

### 做法

1 准备一个附盖的玻璃瓶，请事先将玻璃瓶以高温热水烫过消毒，擦干或烘干后再使用。

2 将米曲装入玻璃瓶内，接着加酱油搅拌后加盖（不要盖紧），放置常温处 7–14 天，每天用干净汤匙搅拌，待米粒变成稀饭状即可锁紧盖子送进冰箱冷藏。

### Tips

放置的地方温度不能太高，避免邻近灶台或其他高温处，每天都要开瓶搅拌帮助它发酵，搅拌时请用干净的汤匙，以免变质或发霉。酱油曲可替代酱油或盐运用于菜肴调味，像烤鲑鱼或其他料理，滋味甘醇不死咸！

# Red Yeast Rice

各式烹调 糕点

中国人食用红曲已有数千年的历史，红曲是利用曲母加入米中发酵而成的天然发酵食品，呈红棕色或紫红色，用以入菜更是福州人与客家人的传统饮食习惯。

据《本草纲目》记载，红曲具活血的效用，健脾、益气、味甘、性温是红曲的特色，近年来其高营养价值与调节生理机能、促进新陈代谢、滋补养身的功能更是受到瞩目，人们因此广泛将红曲与各式食品结合，常见如红曲排骨、红曲五花肉、红曲香肠、红曲发糕、红曲馒头、红曲饼干等料理或制品，让重视健康的现代人，有更多元的饮食选择。

## 功能应用

**天然调味料** 红曲是天然的调味料，可用于煮汤、炒菜、炒饭面、糕点及各式家常料理。

**天然色素** 红曲蕴含漂亮的红棕色，是难能可贵的天然色素，可广泛运用于食品着色，如取代红色色素制作红色汤圆、红曲年糕。

**腌渍食材** 多数食材都适合以红曲腌渍再料理，常见如五花肉或鱼、鸡、豆腐。

## 保存要诀

· 未开封前可置于常温保存，开封后则需收进冰箱冷藏，保存期限请以包装标示为准。

1 建议选购知名度高、信誉良好、品管严格的优良厂商所制作的红曲。

2 以鼻闻，好的红曲略带酒香及淡淡的米香气味。

**Tips**

近年红曲因保健功效而风行，红曲酱在一般超市卖场即可购得。烧肉时要加盖转小火焖煮，肉质才会软烂好吃。

# 红曲烧肉

**材料**

猪五花肉...... 350g
老姜............. 15g
青葱白.......... 15g
八角............. 2 粒
红曲酱.......... 45g
酱油............. 25mL
水................. 350mL

**做法**

1 食材清理干净，姜切片、青葱白切段、五花肉切厚片。
2 起锅将五花肉片放入锅里，用中火煎至两面金黄。
3 放姜片、葱白、八角拌炒，接着加入红曲酱、酱油炒出酱香，再倒水煮开后转小火，加盖焖煮约 40 分钟至肉质软烂即可。

## 红糟与红曲的不同

台湾的庶民小吃红糟肉，使用的红糟是以酿红曲酒剩余的酒粕加工制成——在熟糯米中拌入红曲跟食用酒精（或酒曲粉）再次发酵制成。红糟也同样具有天然的红色色素，在味道上带酒香和微酸气息，和红曲略有不同。

天然养生，香气丰厚富钙质

# Black Sesame Paste
# 黑芝麻酱

调酱 甜品 饮料

黑芝麻酱以黑芝麻磨碎制成，带有浓厚馥郁的芝麻香气。因为含丰富油脂、维生素B群、多种人体必需的氨基酸与钙质，所以深受人们喜爱，中医典籍里更载明，黑芝麻属性滋补，能使秀发乌黑、养颜美容，具补肾、明目、通便之效。

黑芝麻制成的黑芝麻酱，保留了丰富的营养价值，若每日适当融入餐食中，不仅能作为调味品，让饮食有更多元的变化，也对健康有所助益，但芝麻的热量高，因此仍不得过量食用。

## 功能应用

**蘸酱及抹酱** 黑芝麻本身香气独特且浓郁，虽有些微苦涩味，但磨制成黑芝麻酱后苦涩味较不明显，适合与其他调味料一起制作成蘸酱，也可加入糖或蜂蜜，变成面包、馒头的抹酱。

**调制饮品** 黑芝麻磨成细粉或是单纯的原味芝麻酱，适合加入谷物饮品里，变成芝麻糊、芝麻紫米粥等，或是调入牛奶增添风味，同时获取更多营养。

**制作甜点** 黑芝麻酱可制作成芝麻风味的甜点，或者变成美味的馅料，尤其适合制成中式小点，如芝麻汤圆、芝麻松糕、芝麻车轮饼等。

## 保存要诀

- 黑芝麻含多元不饱和脂肪酸，若储存不当易造成脂肪氧化劣变，产生自由基。因此，储存黑芝麻酱时请确认瓶盖密封，并存放于避免光照和高温的阴凉处，如欲收进冰箱冷藏亦可。
- 挖取芝麻酱请使用干净、干燥无水气的汤匙。

1 可挑选经低温烘焙研磨而成的芝麻酱，营养较不会因高温受破坏。

2 购买前可了解芝麻的产地，并选择声誉良好的优质品牌。

3 眼观酱色黑而光亮、细腻油滑、浓稠适中，嗅闻带有醇厚的芝麻香气。

# White Sesame Paste

# 白芝麻酱

凉拌　拌面　调酱

黑芝麻与白芝麻分属不同的品种，白芝麻带有更多油脂，经研磨制成的白芝麻酱呈咖啡色，香味丰厚柔顺、入口回甘、口感细致绵密。

中式、日式料理中，常使用白芝麻酱做豆腐、烫菠菜、烫秋葵、涮猪肉片、凉面的调味淋酱，而中东芝麻酱（Tahini）的主要原料也是白芝麻，是以去壳白芝麻磨碾成细致、充满坚果香气的酱，广泛运用于中东、北非、希腊的菜肴里，可见白芝麻酱的好滋味，深受世界各地人们的喜爱。

## 〈 功能应用 〉

**增添香气与风味** 白芝麻酱是素食料理的重要调味品，可用于凉拌蔬菜、凉拌粉皮、芝麻豆腐等。

**拌面酱** 麻酱面是传统的家常面食，香浓的白芝麻酱是精髓，和少许酱油、乌醋调匀，或随喜好加入一点糖和辣油，就是香浓好吃的家常麻酱了，再加些蒜蓉和花生粉，还能调成夏日最爱的开胃凉面酱。

**制作蘸酱** 芝麻酱可与其他调味料多元搭配，例如酱油、味噌、乌醋、白醋等，自创清爽口味的蘸酱。

1 可挑选经低温烘焙研磨而成的芝麻酱，营养较不会因高温受破坏。

2 好的白芝麻酱香气丰富，色泽呈咖啡色，细腻油滑，浓稠适中。

3 购买前可了解芝麻的产地，并选择声誉良好的优质品牌。

## 〈 保存要诀 〉

· 开封后尽速于6个月内使用完毕，存放时请确认瓶盖密封，并存放在避免光照和高温的阴凉处，如欲收进冰箱冷藏亦可。

· 挖取芝麻酱请使用干净、干燥无水气的汤匙。

## A 黑芝麻蔬菜蘸酱

使用黑芝麻酱

腌渍 烧烤 海鲜 鱼肉 鸡肉 猪肉 牛肉 **蔬菜** 面饭 甜品 饮料

### 材料

黑芝麻酱......60g
白砂糖..........5g
酱油.............15mL
七味粉..........适量
熟白芝麻......适量

### 如何保存

使用前适量制作即可。蔬菜蘸酱在室温下可放置 2 小时，冷藏 2–3 周。

### 做法

将黑芝麻酱、砂糖、酱油搅拌调匀与砂糖溶解，撒上七味粉、熟白芝麻即可。

## B 台式凉面酱

使用白芝麻酱

腌渍 烧烤 海鲜 鱼肉 鸡肉 猪肉 牛肉 蔬菜 **面条** 甜品 饮料

### 材料

白芝麻酱......90g
酱油.............45mL
乌醋.............30mL
蒜头.............5g
香油.............10mL
味醂.............15mL
冷开水..........100mL
辣油.............5mL
花生粉..........15g

### 如何保存

可事先做好放起来，想吃随时取用。凉面酱在室温下可放置 1 天，冷藏 2 周。

### 做法

蒜头去皮磨成泥，和所有的材料混合搅拌均匀即可。

Tips

炎炎夏日没食欲？清爽开胃的凉面是个好选择！可依个人喜好调整醋和酱油的比例，或加入辣椒末、辣油增添风味。

Tips

可依个人喜好的口味调配，有的人喜欢酸一点，也可自行加入白醋或柠檬汁。

充满茄红素，散发成熟果实的均衡酸甜

# Ketchup
# 〈 番茄酱 〉

蘸酱 各式烹调

番茄的水分多、质地软，因为保存及运送不易，人们开始思考如何延续它的滋味，由此衍生出番茄酱，为现代饮食带来了革命性的影响，改变了数百万人的饮食选择。

市售的番茄酱多选用成熟的番茄制作而成，成熟的番茄滋味较柔和鲜甜、富天然果胶，同时也会加入醋、糖、盐和其他辛香料调味。

除番茄酱外，市售亦有番茄糊、番茄膏、番茄沙司、番茄块、整粒番茄等番茄制品，可用于制作比萨、意大利面红酱、炖汤、炖菜、拌炒等，运用上非常便利，即便不是番茄的产季，我们也仍能时时享用番茄的美味。

## 功能应用

**蘸酱淋酱** 番茄酱最常单独作为蘸酱及淋酱，在三明治或汉堡中加点番茄酱能丰富味道层次，也常用以当作炸物蘸酱，适度酸甜可缓解油炸料理的油腻感。

**增鲜提味** 番茄酱拥有均衡的酸、甜、鲜味，料理可添加少量番茄酱提味，如茄汁口味的意大利面及炖饭，此外也适合与蛋、肉类和海鲜等食材一同料理。

**增加鲜艳色泽** 番茄酱不仅鲜甜酸香，也拥有鲜艳的亮红色泽，搭佐料理让人食指大动，就像人见人爱的蛋包饭，怎能缺少番茄酱的点缀增色呢?

Check!

### 挑选技巧

1 不同厂牌的番茄酱，调味、包装略有差异，选购时请注意成分标示与保存日期，选择不含人工甘味剂及化学添加物的为佳。

2 若作为蘸淋酱使用，选择塑胶软罐装较方便挤压，若是料理入菜用，则可选择玻璃瓶或铁罐包装，但须注意罐装外形是否完好无损。

## 保存要诀

- 开封后放置于冰箱冷藏，并于保存期限内使用完毕。

Tips

煮番茄酱时要用小火慢慢熬煮，并且要不定时搅拌，才不会烧焦黏锅。

蘸酱 烧烤 海鲜 鱼肉 鸡肉 猪肉 牛肉 蔬菜 面条 甜品 饮料

# 自制番茄酱

## 材料

牛番茄……600g
白砂糖……50g
嫩姜……20g
五香粉……3g
咖喱粉……5g
匈牙利红椒粉……5g
白醋……50mL
盐……适量

## 如何保存

可事先做好放起来，想吃随时取用。自制番茄酱在室温下可放置 1 个月，冷藏 3–6 个月。

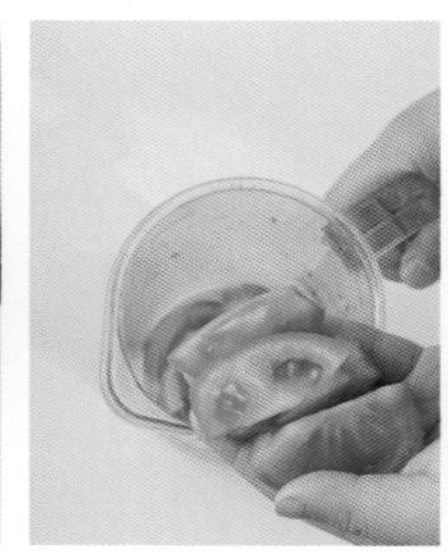

## 做法

1 牛番茄洗净在皮上划十字，放入滚水中烫约 1 分钟后捞起泡冷水，剥去表皮切块备用。
2 姜磨成泥。另准备搅拌棒或调理机，将番茄块放入打成泥，再倒进锅子里加热。
3 分别加入姜泥、砂糖、五香粉、咖喱粉、红椒粉、白醋、盐调味，以小火煮至浓稠即可。

## A 五味酱 延伸制作

蘸酱 烧烤 海鲜 鱼肉 鸡肉 猪肉 牛肉 蔬菜 面饭 甜品 饮料

### 材料

自制番茄酱.....60mL
青葱................5g
嫩姜................5g
蒜头................5g
乌醋................15mL
酱油膏............30mL
辣椒酱............15mL
白砂糖............5g
香油................10mL

### 如何保存

使用前适量制作即可。做好的酱在室温下可放置 2 小时，冷藏 2 周。

### 做法

青葱、姜、蒜头都洗净切成碎，再和其他材料搅拌均匀即可。

## B 海山酱 延伸制作

蘸酱 蚵仔煎 肉圆 鱼肉 鸡肉 猪肉 牛肉 蔬菜 面饭 甜品 饮料

### 材料

自制番茄酱.....90mL
酱油................90mL
辣椒酱............90mL
白砂糖............135g
味噌................90g
甘草粉............5g
水....................400mL
在来米粉.........45g

### 如何保存

可事先做好放起来，想吃随时取用。海山酱在室温下可放置 1 个月，冷藏 3-6 个月。

### 做法

1 准备一个锅子，先把水、在来米粉放入锅中搅拌，以小火慢煮。
2 再慢慢加入味噌、甘草粉、砂糖、酱油、番茄酱、辣椒酱搅拌均匀，煮滚关火放凉即可。

Tips
海山酱跟番茄酱一样，质地都比较稠，煮的过程中要不停搅拌才不会黏锅。
B
A
Tips
酱汁可依个人喜好调整，有的人也会加入剁碎的香菜增添香气。

# 五味中卷冷盘

**材料**

中卷..............250g
嫩姜..............15g
青葱..............12g
米酒..............15mL
水..................600mL
五味酱..........60mL

**做法**

1 姜、青葱洗净切段或片拍打备用。水放入锅中煮滚，加入姜片、葱段和米酒。
2 中卷放入滚水中汆烫后捞起，切圈盛盘，五味酱以小碟盛装放在旁边即可。

**Tips**

中卷大约在滚水里烫10–20秒即可（视中卷大小决定），熟透即可，不宜烫太久，以免肉质变硬。

# Sweet Bean Sauce

# 甜面酱

炒 煮 酱爆 烧烤 蘸酱

## 咸中甘甜，香气十足，促进食欲

甜面酱，又称甜酱或是京酱，是中国北方的传统调味料，呈深咖啡色或暗红褐色，以小麦面粉、黄豆、盐、糖为主原料，经多重发酵程序酿造制成。

由于甜面酱的味道浓郁、咸中带甜，能替料理增添甜度、咸味、鲜香、浓稠感，用途十分广泛，我们熟悉的炸酱面、北京烤鸭、京酱肉丝、回锅肉等名菜，都少不了甜面酱添香增色，味道咸香顺口，开胃下饭，是中华料理极具代表性的调味料。

市面上的甜面酱品牌不少，甜一点、咸一些各具特色，建议应多方品尝，从中选出自己最喜欢的味道。举凡酱爆、拌炒、红烧、烧烤等料理都能派上用场，但要记得炒焙时不宜开大火，否则甜面酱易生焦糊味，用量也不必太多，一两匙就足以创造好滋味。

## 〈 功能应用 〉

**酱爆料理** 咸香够味的酱爆料理，如京酱肉丝、酱爆鸡丁等，必定都会加入甜面酱拌炒，裹上了浓郁深褐色与咸甜香气，十分下饭。

**制作炸酱** 适合拌面、拌饭的炸酱，运用甜面酱与豆瓣酱、酱油、糖调味，并加入豆干丁、猪绞肉与毛豆拌炒，香气与口感兼具。

**蘸食烤鸭** 令人垂涎三尺的烤鸭卷饼，甜面酱是画龙点睛的精髓，以大葱蘸抹甜面酱到饼皮上，再把片好的烤鸭与葱一齐包卷起来，是最经典的吃法。

## 〈 保存要诀 〉

· 甜面酱保存期约为 3 个月，开封后应尽快使用完毕，未用完则置于冰箱冷藏。

· 请以干净、干燥的汤匙挖取，甜面酱勿沾到水以防变质发霉。

Check!

**挑选技巧**

优质甜面酱应呈深褐色或暗红褐色，有油亮的光泽，无酸、苦、焦及其他异味，酱的黏稠适度，内无杂质，散发浓厚的酱香。

**Tips**

青葱丝切好后，可用凉开水冲泡除去辛呛味，同时可使葱丝自然卷起。

# 京酱肉丝

### 材料

猪里脊肉......200g
蒜头.............10g
嫩姜.............10g
青葱.............30g
甜面酱..........45g
酱油.............25mL
绍兴酒..........45mL
黄砂糖..........5g
麻油.............10mL
太白粉..........15g
水.................45mL
蔬菜油..........15mL

### 做法

1 食材清洗干净，蒜头、姜切碎，青葱切丝备用。
2 猪里脊肉切丝，加酱油 10mL、绍兴酒 15mL、水和太白粉拌匀腌 15 分钟。
3 炒锅放油，将腌过的肉丝炒至半熟，取出备用。
4 同一锅先放姜、蒜碎炒香，再加甜面酱用小火炒出香味，接着倒酱油、砂糖、绍兴酒煮开。
5 放入肉丝，转大火翻炒并加入麻油拌匀。
6 青葱丝铺在盘底，放上炒好的京酱肉丝即可。

# Chinese Barbecue Sauce

# 沙茶酱

炒 烧烤 蘸酱

## 咸鲜香兼具，沙沙的绝妙口感

沙茶酱盛行于中国广东、中国台湾、马来西亚等地，据传源于东南亚的沙嗲酱，在各处开枝散叶后，配方做法略有不同。传统的沙茶酱制程繁复讲究，需先将各项食材分别切碎，经暴晒、烘干、研磨、过油等多道工序，再加入辛香料调味，并借由长时间小火煸炒，将食材的香气充分融合。

现今沙茶酱的配方及做法百家争鸣，依地区与品牌略有不同，但以台湾人喜爱的香气口感为例，主要成分以花生、虾米、扁鱼、蒜头、胡椒、五香粉、辣椒、油等为主，是一种融合香、辣、甜、咸的酱料，虾米和扁鱼的鲜香味浓郁和顺，带渣的沙沙口感是一大特色。沙嗲酱的口味偏甜、辛辣、富花生或椰子口感跟香气，味道和沙茶酱十分不同。

## 〈 功能应用 〉

**拌炒菜肴** 以沙茶酱拌炒菜肴，不仅下饭也非常美味，食材可选择一种肉类与一种蔬菜互相组合，例如：沙茶牛肉空心菜、沙茶蒜苗炒猪肉等都是常见菜色，口感美味又营养均衡。

**火锅蘸酱** 以沙茶酱调和酱油、葱、蒜与辣椒末等，或拌入生蛋黄，能调配出味道独一无二的火锅蘸酱（小提醒：生食蛋黄有感染沙门氏菌食源性疾病的风险，如未确定蛋源、新鲜度和卫生条件，不建议生食鸡蛋）。

**沙茶炒面** 沙茶酱的味道丰富，易与各种食材搭配，简单备齐卷心菜、胡萝卜、猪肉片等两到三种食材，加入沙茶酱和少量酱油、糖、食材及半熟面条一起拌炒，香气四溢的沙茶炒面立刻轻松上桌！

## 〈 保存要诀 〉

· 未开封可常温保存 1 年，开封后应置于冰箱，并于 3 个月内食用完毕。

· 如出现油哈喇味或漂浮异物则表示已变质，请勿食用。

1 沙茶酱呈金黄色或咖啡色，浓稠油亮、味道香浓不刺激，沙沙的口感来自打碎的扁鱼、虾米和花生粉。

2 选购时应留意成分，避免防腐剂与其他化学添加物为佳。

Tips

炒的过程中要不断搅拌，以免黏锅烧焦。扁鱼、虾米、红葱头、蒜头也可用料理机打碎，颗粒口感会比切碎的更细致。

蘸酱 烧烤 海鲜 鱼肉 鸡肉 猪肉 牛肉 蔬菜 面条 甜品 饮料

# 自制沙茶酱

### 材料

扁鱼.............. 20g
虾米.............. 10g
红葱头.......... 10g
蒜头.............. 10g
辣椒粉.......... 7.5g
花生粉.......... 20g
五香粉.......... 7.5g
沙拉油.......... 100mL

### 如何保存

可事先做好放起来，想吃随时取用。做好的酱室温下可放置1个月，冷藏3~6个月，冷冻1年。

### 做法

1 扁鱼、虾米放入烤箱烤至金黄酥脆，取出切碎备用；红葱头、蒜头也切碎备用。
2 锅子放沙拉油，小火将红葱头及蒜头碎炒至金黄色后捞起，原锅再放扁鱼、虾米碎拌炒。
3 加入花生粉、辣椒粉、五香粉，用小火炒出香味，接着放入炒好的红葱头、蒜头碎拌匀即可。

入烤箱烤至金黄酥脆

烤好的扁鱼跟虾米反复切成细碎状

**Tips**

空心菜可先汆烫过再跟牛肉拌炒，可保持蔬菜清脆可口。

# 沙茶炒牛肉

### 材料

牛肉片……250g
蒜头……5g
酱油……15mL
自制沙茶酱……20g
乌醋……15mL
太白粉……5g
空心菜……120g
红辣椒……5g
香油……5mL
蔬菜油……15mL

### 做法

1 蒜头、红辣椒切碎，牛肉片用酱油和太白粉腌渍，空心菜切段备用。
2 锅中倒入蔬菜油，加热后先放入牛肉拌炒，再放蒜头、红辣椒碎、沙茶酱搅拌，接着放空心菜拌炒均匀，最后加些乌醋、香油提味即完成。

专栏

## 〈 台湾人最爱的火锅蘸酱 〉

天气冷冷的、肚子饿饿的，觉得什么都想尝一点，想吃热乎乎的东西暖暖胃？那就煮一锅配料丰富的火锅吧！现熬高汤加上季节时蔬、新鲜肉片、美味丸子，再搭配自己特调的独门蘸酱，每一口都吃得好满足。

### 清爽泥醋酱

**[ 材料 ]**

白萝卜泥　15g
酱油　30mL
白醋　10mL

**[ 如何保存 ]**

使用前适量制作即可。做好的酱室温下可放1–2小时，冷藏1天。

**[ 做法 ]**

将所有材料混合搅拌均匀即可。

### 经典沙茶酱

**[ 材料 ]**

沙茶酱　10g
花生粉　5g
酱油　30mL

**[ 如何保存 ]**

使用前适量制作即可。做好的酱室温下可放2–3天，冷藏1–2周。

**[ 做法 ]**

将所有材料混合搅拌均匀即可。

### 传统腐乳酱

**[ 材料 ]**

豆腐乳　25g
辣豆瓣酱　15g
酱油　10mL
冷开水　15mL
香油　5mL

**[ 如何保存 ]**

可事先做好放起来，想吃随时取用。做好的酱在室温下可放8小时，冷藏2–3周。

**[ 做法 ]**

所有材料用果汁机或料理机打匀即可。

## 酸甜苹果酱

**[ 材料 ]**

苹果泥　15g
酱油　30mL
白醋　10mL
香油　5mL
青葱　10g

**[ 如何保存 ]**

使用前适量制作即可。做好的酱室温下可放 2 小时，冷藏 1 天。

**[ 做法 ]**

青葱切碎，和其他材料混合搅拌均匀即可。

## 酸辣泰式酱

**[ 材料 ]**

鱼露　20mL
柠檬汁　10mL
果糖　5mL
蒜头　5g
红辣椒　5g

**[ 如何保存 ]**

使用前适量制作即可。做好的酱室温下可放 2–3 天，冷藏 2–3 周。

**[ 做法 ]**

蒜头、红辣椒切碎，和其他食材混合均匀即可。

## 劲辣香麻酱

**[ 材料 ]**

花椒粉　5g
乌醋　10mL
酱油　30mL
黄砂糖　15g
麻油　10mL
辣油　10mL

**[ 如何保存 ]**

使用前适量制作即可。做好的酱室温下可放 2–3 天，冷藏 2–3 周。

**[ 做法 ]**

将所有材料混合搅拌均匀即可。

鲜美微辣的海鲜滋味跃然口中

# XO Sauce

# XO 酱

炒　拌　蘸酱　直接食用

XO 酱属于近几十年才出现的调味酱料，一九八〇年代首先发源于香港的高级餐酒馆，许多人常误以为 XO 酱中一定添加了 XO 酒，才会以此命名，其实 XO 酱使用了珍贵高档的食材，但其中不包含 XO 酒，取名代表这款酱料如同 XO 酒一样风味极佳，是高级奢侈的享受。

制作 XO 酱的食材没有一定的标准配方，通常会加入干贝（瑶柱）与金华火腿这两种昂贵食材，佐以虾米（或樱花虾）、辣椒等材料提味，以油加热翻炒至熟透，让食材的味道充分融合，滋味鲜美带些微辣味。

在台湾，XO 酱融入各地盛产的海鲜，有了不一样的滋味，市面可见“飞鱼卵 XO 酱”、“乌金干贝 XO 酱”、“海鲜 XO 酱”等不同风味，用途广泛，也常被人们拿来当作伴手礼。

## 功能应用

**下酒小食** XO 酱又鲜又香，保留了干贝弹韧、丝丝分明的口感，可直接佐餐或作为下酒小菜。

**增鲜提味** 广泛运用于料理中，适合蘸煮拌炒，如 XO 酱炒萝卜糕、XO 酱炒三鲜等，让美味更升级。

**佐餐食用** XO 酱本身的味道与口感皆很丰富，因此可直接搭配面食、粥品或中式咸点一起食用。

## 保存要诀

· 真空状态下可保存一年以上，请以瓶身标示为准。开封后应置于冰箱冷藏，并尽速食用完毕。

· 如出现腥臭味或油哈喇味则表示已经变质，请勿食用。

1 请挑选真空封填之玻璃罐装产品，并留意成分标示、产地。

2 因使用了多种珍贵食材与海鲜，应尽量选择具口碑信誉的品牌产品。

3 XO 酱各厂牌的用料与配方略有差异，也区分了不同的辣度，可依个人口味喜好挑选。

**Tips**

拌炒食材不能用大火，否则很容易焦黑、变苦，要用慢火慢炒，香味才会释放，颜色才会漂亮。

蘸酱 烧烤 海鲜 鱼肉 鸡肉 猪肉 牛肉 蔬菜 面饭 萝卜糕 饮料

# 自制XO酱

### 材料

干贝.............. 250g
金华火腿...... 100g
朝天椒.......... 60g
红葱头.......... 60g
樱花虾.......... 40g
蒜头.............. 60g
虾米.............. 40g
蚝油.............. 30mL
冰糖.............. 30g
酱油.............. 30mL
米酒.............. 250mL
蔬菜油.......... 300mL

### 如何保存

可事先做好放起来，想吃随时取用。做好的酱室温下可放 1 个月，冷藏 3-6 个月。

### 做法

1 干贝浸在米酒中，入电锅蒸至干贝变软，再撕成丝备用。
2 金华火腿切小丁，入电锅蒸软放凉备用。
3 虾米用水清洗再泡软切碎，樱花虾洗净备用。
4 朝天椒、红葱头、蒜头都切成碎。
5 起锅放入蔬菜油，以小火先炒红葱头、蒜头、干贝丝、金华火腿、虾米，慢火炒至金黄色。
6 再加入朝天椒、樱花虾、蚝油、冰糖、酱油，炒至酱汁水分收干即可。

**Tips**

港式餐厅的菜单，时常有“XO 酱炒萝卜糕”这道高贵不贵的平民美食，料理步骤并不难，有个小窍门是酱油在起锅前才加入拌炒，呛出香味来。

# XO酱炒萝卜糕

材料

萝卜糕..........250g
豆芽菜..........30g
胡萝卜..........20g
蒜头..........15g
青葱..........15g
辣椒..........12g
XO 酱..........30g
酱油..........20mL
水..........100mL
蔬菜油..........45mL

做法

1 萝卜糕切块、胡萝卜切丝、青葱切段，蒜头、辣椒切片，备用。
2 起锅放蔬菜油煎萝卜糕，煎至两面金黄先拿起。
3 再以原锅放蒜头、辣椒、胡萝卜丝略微拌炒，加水、XO 酱，再放下煎好的萝卜糕煨煮。
4 汤汁收干前加入酱油，放青葱、豆芽菜拌炒均匀即可。

**发挥乳化作用，滑润香甜的温和口感**

# Mayonnaise
# 美乃滋

蘸酱 做酱 润滑食物

美乃滋也称作蛋黄酱、沙拉酱，以植物油、盐、蛋黄、柠檬汁或醋制成，通过快速搅打使油水混合成浓稠乳状物，口感润滑，外观呈米黄色或淡黄色。

关于美乃滋的起源地有两种说法，一说认为来自法国，另一说认为源于西班牙。美乃滋在西式料理中用途广泛并且千变万化，可以作为酱料的基底，辅以不同调味和香料，就变成另一种风味独特的酱料，也常用以点缀料理外观。

一般做法中，鸡蛋只会使用蛋黄的部分，因为蛋黄拥有融合液态调味料的特性，在美乃滋中扮演重要的乳化媒介。时至今日，我们在各大超市卖场都能轻易买到条装或瓶装的美乃滋，美乃滋以滑顺温润的口感，深深融入我们的日常饮食里。

## 功能应用

**润滑乳化作用** 三明治或汉堡常会在中间抹一点美乃滋，发挥润滑乳化的作用，吃起来滑顺不干涩。

**各式酱料基底** 美乃滋是许多酱料的基底，例如塔塔酱，是将洋葱、酸豆、腌黄瓜碎末、水煮蛋碎和美乃滋拌匀；而千岛酱则是美乃滋与番茄酱调和而成。

**佐餐或蘸酱** 美乃滋应用非常广泛，适合作为蔬食或肉类的搭配酱汁，有时会依菜色将美乃滋调制成口味更丰富的佐餐酱。西班牙式的 Tapas 下酒小食，也常以美乃滋搭配薯条、薯片或面包，作为蘸酱使用。

1 因蛋黄打散与油乳化后保存不易，因此市面上较少见用蛋黄制成的美乃滋，也可能从成本、风味考量，使用品质稍差的植物油，或添加了人工乳化剂、防腐剂，购买前应留意成分标示。

2 如经常使用，建议自行制作美乃滋更能常保新鲜与风味。

## 保存要诀

· 少数美乃滋开封前可置于常温，但无论购买冷藏还是常温商品，开封后都应收入冰箱冷藏保存。

· 自制美乃滋务必尽快食用完毕，冷藏保存不可超过一周。

Tips

搅打美乃滋时，蔬菜油要缓慢加入，让食材充分乳化融合，一下加太多、太快会导致油水分离。

Tips

番茄美乃滋就是千岛酱，添加的水煮蛋一定要煮到全熟，否则酱汁不易保存，巴西里即荷兰芹，如无新鲜巴西里用干燥的亦可。

# A 自制美乃滋

沙拉 蘸酱 海鲜 鱼肉 鸡肉 猪肉 牛肉 蔬菜 面包 鸡蛋

**材料**

生蛋黄..........2 粒　　柠檬汁.......... 10mL
蔬菜油..........250mL　　白砂糖.......... 5g
白醋.............30mL　　盐................. 适量
黄芥末酱 ...... 10g　　白胡椒粉 ...... 适量

**如何保存**

可事先做好放起来，想吃随时取用。做好的酱室温下可放 2 小时，冷藏 1 周。

**做法**

1 生蛋黄先打散，与黄芥末酱、糖、盐、白胡椒粉及些许白醋混合。

2 用打蛋器搅打，同时慢慢倒入蔬菜油使其浓稠，拌打成型后，酌量加入剩下的白醋和柠檬汁调整稠度和味道。

# B 自制番茄美乃滋

延伸制作

**材料**

自制美乃滋 ........... 120g　　洋葱....................... 15g
番茄酱................... 80mL　　巴西里 ................... 3g
水煮蛋................... 30g　　辣酱油 ( 辣香酢 )... 5mL
酸黄瓜................... 20g　　墨西哥辣椒水 ....... 3mL

**如何保存**

使用前适量制作即可。做好的酱室温下可放 2 小时，冷藏 1 周。

**做法**

1 水煮蛋、酸黄瓜、洋葱、巴西里都切成末，备用。

2 自制美乃滋、番茄酱、辣酱油、墨西哥辣椒水混合拌匀。

3 再把水煮蛋、酸黄瓜、洋葱、巴西里加入拌匀即可。

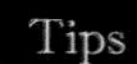

Tips

拌煮美乃滋时不能开大火，牛奶加玉米粉一定要先调和均匀，不然会结块。

Tips

可依个人喜好调整配方，喜欢吃辣者多加点墨西哥辣椒水增味，鳀鱼使用进口超市贩售的油渍鳀鱼罐头即可。

## A 凯撒酱

蘸酱 烧烤 海鲜 鱼肉 鸡肉 猪肉 牛肉 蔬菜 沙拉 炸鸡 鸡蛋

### 材料

生蛋黄..................2 粒
蒜头......................10g
芥末籽酱..............10g
红酒醋..................10mL
柠檬汁..................10mL
酸豆......................5g
梅林辣酱油..........5mL
鳀鱼......................5g
墨西哥辣椒水.......3mL
黑胡椒粉..............3g
盐..........................3g
白砂糖..................3g
橄榄油..................250mL
起司粉..................10g

### 如何保存

使用前适量制作即可。做好的酱室温下可放 2 小时，冷藏 1 周。

### 做法

1 蒜头、酸豆、鳀鱼切末，与芥末籽酱、盐、糖、生蛋黄、黑胡椒粉混合。
2 以打蛋器搅打，慢慢加入橄榄油使其乳化变浓稠，成型后加入红酒醋、柠檬汁、梅林辣酱油、墨西哥辣椒水、起司粉调整浓稠度。

## B 无蛋美乃滋

蘸酱 烧烤 海鲜 鱼肉 鸡肉 猪肉 牛肉 蔬菜 面包 鸡蛋

### 材料

白砂糖..........35g
盐.................2g
无盐奶油......15g
凉开水..........150mL
鲜奶.............50mL
玉米粉..........15g

### 如何保存

使用前适量制作即可。做好的酱室温下可放 2 小时，冷藏 8 小时。

### 做法

1 砂糖、盐、无盐奶油、凉开水放入锅里混合均匀，用小火煮沸。
2 玉米粉和鲜奶先均匀搅散，倒入锅中慢慢勾芡至浓稠状，放冷即可使用。

柔软滑顺，日本人的餐桌必备酱料

# Japanese Mayonnaise
# 〈日式美乃滋〉

蘸酱 拌炒 做酱 润滑食物

日式美乃滋的制作方式和原理，与一般美乃滋大致相同，但日式美乃滋少了点甜、多了些咸，拥有别具一格的味道，是日本人日常生活中不可或缺的调味品。

制作日式美乃滋的原料，以苹果醋或米醋取代了蒸馏醋，故味道较为清淡柔和，此外也加入了少量的盐、蛋、辛香料，所以略带咸味更多了些鲜味，被广泛运用于各式日式料理，举凡大阪烧、章鱼烧、炒面、炒肉、烤马铃薯，都不能少了日式美乃滋增味。爱吃美乃滋的日本人，更衍生出鲔鱼、明太子、豆浆等不同口味，成为餐桌上必备的调味良伴。

## 〈 功能应用 〉

**随餐增味** 日式美乃滋的用途广泛，没有限制，只要喜欢，不论什么餐点都可以加美乃滋增加风味。

**日式炒面** 地道的日式炒面，会用中浓酱、海苔粉、红姜等调味，并在上头覆盖一层美乃滋，看来令人垂涎三尺。

**大阪烧** 大阪烧的日文原意，是把喜欢的食材放在铁板上煎烤，完成前的最后步骤，一定是撒上日式美乃滋与柴鱼片。

**炒肉片** 区别于普通美乃滋，多用于凉拌跟蘸酱，日式美乃滋还能拿来炒肉片、炒虾仁、烤山药、烤鸡翅，滋味丰富多变。

## 〈 保存要诀 〉

- 日式美乃滋多为塑胶软罐装，优点是方便挤出控制用量，常陈列在超市卖场的常温酱料区。
- 开封前请置于阴凉处常温保存，开封后请冷藏，并于 1 个月内食用完毕。

在中国台湾，日式美乃滋在进口超市和食材店较容易买到，建议第一次购买者，可挑选知名且经典的大品牌。

Tips

明太子是加工腌渍过的鱼卵，本身咸香微辛，极鲜滋味很吸引人！

# 明太子美乃滋

蘸酱 焗烤 沙拉 鱼肉 鸡肉 猪肉 牛肉 蔬菜 面包 甜品 饮料

## 材料

自制美乃滋 ........... 80g
明太子 ................... 60g
味醂 ....................... 5mL
山葵酱 ................... 5g
柠檬汁 ................... 10mL

## 如何保存

使用前适量制作即可。做好的酱室温下可放 2 小时，冷藏 1 周。

## 做法

1 取明太子，剥除外层囊膜刮出鱼卵，和味醂、山葵酱、柠檬汁拌在一起。
2 再将自制美乃滋加入，一起混合搅拌均匀即可。

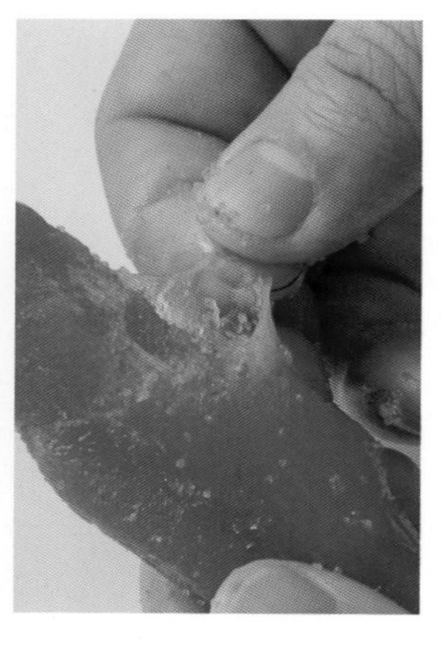

**Tips**

猪肉片可用大里脊部位，脂肪含量适中，适合用炒的。炒肉片时不需额外添加油，因为美乃滋本身油分比例高，用慢火慢慢拌熟就好。

# 美乃滋炒肉

**材料**

猪肉片（大里脊肉）..................250g
明太子美乃滋 ..........................75g
黄芥末酱 .................................15g
酱油.........................................15mL
米酒.........................................30mL
蒜头.........................................10g
七味粉.....................................3g

**做法**

1 蒜头切成末备用，另将明太子美乃滋、黄芥末酱、酱油搅拌在一起。
2 准备炒锅，先放入猪肉片、米酒，让酒精挥发后，放入蒜末再拌炒。
3 放入调好的酱汁，慢慢加热并拌匀后盛盘，撒上七味粉即可。

混合多种辛香料，异国风味十足

# Curry 咖喱

炒 炖煮 腌渍 烧烤

“咖喱”两字，源自南印度的坦米尔语，意即调味酱汁之意，综合姜黄、辣椒、肉桂、丁香、茴香、豆蔻等多种辛香调味料组合而成。

每一个印度家庭，几乎都有自己独门的咖喱配方，咖喱的辛辣与香味，有助掩盖肉类的腥膻味，因此被广泛运用在烹煮肉类、海鲜、饭、面等，风味浓厚。

印度、泰国、日本等地，各自有盛行的咖喱风味，有辣、有甜，还有不同颜色、质地与浓稠度，主要以红咖喱、绿咖喱、黄咖喱三种口味最为常见。在中国台湾，市售咖喱以粉状、块状居多，因质地特性分别适用在不同的料理，也因为富含辛香料，所以吃咖喱时会感到身体发热，有促进血液循环、抗氧化等益处。

咖喱块

咖喱粉

## 〈 功能应用 〉

**咖喱粉** 为多种干燥辛香料研磨成粉组合而成，咖喱粉本身无调味，香气十足可赋予食材辛香，多用在腌渍、炒香时，如腌渍咖喱烤鸡腿、咖喱炒饭等。

**咖喱块** 咖喱块等同预拌粉的概念，先将咖喱的精华美味浓缩在方块里，分甜味、中辣、激辣等口味，因为含有淀粉，所以炖煮后酱汁浓稠，适合煮成咖喱酱，搭配饭或面一起食用。

**咖喱酱／糊** 有红咖喱酱、黄咖喱酱、绿咖喱酱，多为罐装或真空包装，常与椰浆一起烹煮，就成了独到的南洋风味。

## 〈 保存要诀 〉

· 咖喱粉密封好，放在阴凉不被太阳直晒处常温保存。可以放少许米粒在罐中，避免咖喱粉受潮结块。

· 咖喱块或咖喱酱开封前可常温保存，一旦开封后建议收进冰箱冷藏，并尽快使用完毕。

**1** 依个人口味及料理需求选择适合的咖喱粉、块、酱，可优先挑选信誉良好的大厂牌，并注意成分及保存期限。

**2** 购买时请留意，咖喱粉无结块受潮，咖喱块或酱外包装完整无破损渗漏。

**3** 咖喱块外包装盒有辣度标示，不敢吃辣者得多加留意哦！

**Tips**

香香甜甜的苹果，滋味跟咖喱意外合拍，如果希望营养更充足，还可依喜好添加牛腩、鸡肉、猪排等，口感更浓郁丰富。

# 苹果咖喱饭

**材料**

马铃薯……160g
胡萝卜……120g
洋葱……120g
苹果……120g
甜味咖喱块……120g
无盐奶油……15g
水……900mL
白饭……200g

**做法**

1 马铃薯、胡萝卜、洋葱、苹果洗净去皮都切成块，备用。

2 准备一锅，先放奶油炒香洋葱、胡萝卜，再倒水煮开待胡萝卜半熟，接着加入马铃薯、苹果块。

3 咖喱块切成小块（较易煮化掉），或将咖喱与温水调至化开，放入步骤2拌匀后转小火慢慢煮稠，等马铃薯、胡萝卜熟透，即可盛盘淋在白饭上。

## 来自印度的好味道——玛萨拉香料粉

玛萨拉综合香料粉（Garam masala），又称印度什香粉，以15–20种香料组成，各家庭或厨师的配方略有差异，并不会认为只有单一配方比例才是正统，常见的香料成分有黑胡椒、白胡椒、肉桂、肉豆蔻、小茴香、芫荽籽、月桂叶等。对印度人而言，玛萨拉除了拿来煮咖喱，各式料理也都能撒一点提升香气。

# 受欢迎的异国风咖喱

## 黑咖喱酱

**[ 材料 ]**

市售咖喱块 120g
无糖黑巧克力 60g
水 900mL

**[ 如何保存 ]**

使用前适量制作即可。做好的酱室温下可放 8 小时，冷藏 2–3 周。

**[ 做法 ]**

水先加入锅里，煮开后放咖喱块慢慢搅拌至溶化，再放入无糖巧克力块，再次煮开后即可。

**Tips**

咖喱块选用甜味和辣味各半，味道较适中。无糖黑巧克力可依喜好调整比例，巧克力独有的香气、稠度，会让酱汁的美味更上一层。

## 红咖喱酱

**[ 材料 ]**

红咖喱糊 45g
椰奶 250mL
鱼露 15mL
柠檬叶 2 片
香茅 1 支
罗勒叶 6 片
棕榈糖 10g

**[ 如何保存 ]**

使用前适量制作即可。做好的酱在室温下可放 8 小时，冷藏 2–3 周。

**[ 做法 ]**

1. 起锅放入椰奶，用中火煮至浓稠再加红咖喱糊炒出香味。
2. 加入棕榈糖、柠檬叶、香茅转小火慢煮，接着倒鱼露，最后放罗勒叶即可。

**Tips**

红咖喱酱的辣度由红咖喱糊掌控，可依个人喜好调整比例分量。

## 万用咖喱酱

**[ 材料 ]**

市售甘味咖喱块　120g
洋葱　120g
蒜头　20g
辣椒　15g
番茄酱　50mL
水　900mL
无盐奶油　15g

**[ 如何保存 ]**

使用前适量制作即可。做好的酱室温下可放8小时，冷藏2–3周。

**[ 做法 ]**

1. 将洋葱、蒜头、辣椒切成碎备用。
2. 起锅放入奶油炒香洋葱、蒜头、辣椒碎，加水煮滚后放入咖喱块，转小火慢慢搅拌成稠状，再加入番茄酱煮滚即可。

**Tips**

煮咖喱要用慢火熬煮，让蔬果缓慢释出精华，才能煮出好味道。

## 绿咖喱酱

**[ 材料 ]**

椰奶　425mL
鱼露　30mL
柠檬汁　30mL
柠檬叶　3片
棕榈糖　15g
绿咖喱糊　60g

**[ 如何保存 ]**

使用前适量制作即可。做好的酱室温下可放8小时，冷藏2–3周。

**[ 做法 ]**

1. 起锅放入椰奶，用中火煮至浓稠，加入绿咖喱糊续炒出香味。
2. 加入棕榈糖、鱼露、柠檬叶慢煮出香味，最后放柠檬汁拌匀即可。

**Tips**

棕榈糖的香味特殊、营养素多，比红糖香甜，甜度没砂糖高，在大型超市、南洋食品专卖店、食材原料店能买到。如手边没有棕榈糖，可用黑糖替代。

**Tips**

因鱼片没炸过，所以烹煮的过程中不要大力翻动，以免鱼片破碎散开。

# 绿咖喱鱼片

**材料**

绿咖喱酱...... 350mL
鲷鱼片.......... 160g
小番茄.......... 50g
茄子.............. 50g
红辣椒.......... 12g
柠檬叶.......... 1片
鱼露.............. 10mL
九层塔叶...... 8片

**做法**

1. 小番茄对剖一开二，茄子切滚刀、鲷鱼切斜片、红辣椒切片，备用。
2. 将绿咖喱糊放入锅内加热，加茄子煮开后放入柠檬叶、红辣椒片拌匀。
3. 再加鲷鱼片盖上锅盖以小火焖熟，最后放入小番茄、鱼露、九层塔轻轻拌匀即可。

强烈鲜明的味道，一丁点就开胃

# Wasabi
# 哇沙比（日式芥末）

制酱 蘸酱 拌炒

哇沙比（Wasabi）呈淡绿色膏泥状，也被称为日式芥末或绿芥末，常见于日本料理，辛辣芳香略带苦味，具有催泪的强烈呛感，对味觉、嗅觉均有刺激作用。

但严格说来，将哇沙比称作日式芥末并不准确，因为在正统的日本料理中，哇沙比是以山葵根部磨成的泥，因刺激气味与辛辣味皆与芥末相似，容易造成混淆。

由山葵制成的哇沙比，除了刺激鼻窦的辛呛味，更带有独特的清香，但价格较高昂，购买也较不易，故也有人使用辣根替代，我们平时在平价日式餐厅及超市买到的日式芥末酱，多是以辣根、芥菜籽加上色素、香料调制而成。

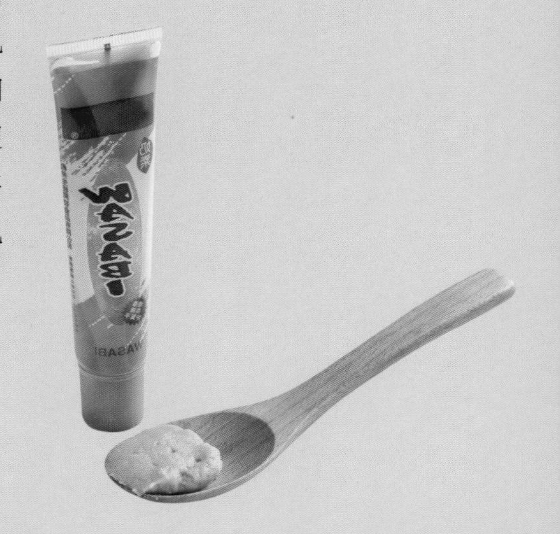

## 〈 功能应用 〉

**搭配生鱼片与握寿司** 具杀菌效果，可对抗金黄葡萄球菌，预防若生食到不新鲜海鲜可能引起不适。通常会搭配日式酱油，最能保留风味的吃法，是先将生鱼片和握寿司蘸酱油再加上一点山葵，避免山葵与酱油直接混合。

**增进食欲** 淡绿色泽及辛辣味不只可增进食欲，更能促进肠胃消化及吸收，搭配清淡的料理更能突显滋味，例如与豆腐或荞麦面一起食用。

Check!

## 挑选技巧

1 市售哇沙比，有可能不含山葵成分，可从包装上辨别，标明“本**わさび**使用（使用真正山葵）”含山葵比例 50% 以上，“本**わさび**入**り**（加入真正山葵）”则是山葵比例 50% 以下的产品，选购前请认明包装并留意成分标示。

2 中国台湾的阿里山为著名山葵产地，也可到进口超市的生鲜蔬果区碰碰运气，说不定能买到新鲜山葵哦。

## 〈 保存要诀 〉

· 一般条装在开封前置于室温保存即可，开封后如短时间内未能食用完毕，建议放冰箱冷藏。

· 新鲜现磨的山葵，要吃多少现磨多少，避免氧化变质。

## A 怪味酱

沙拉 火锅 凉拌 海鲜 鸡肉 猪肉 牛肉 蔬菜 面条 菇类 鸡蛋

### 材料

日式芥末酱 .....15g
辣椒酱............30g
番茄酱............30g
嫩姜汁............10mL
白砂糖............10g
盐....................适量
香油................5mL
冷开水............30mL

### 如何保存

使用前适量制作即可。做好的酱室温下可放 2–3 小时，冷藏 2–3 周。

### 做法

日式芥末酱先用冷开水慢慢调散，再放入砂糖、辣椒酱、番茄酱、姜汁、适量的盐调散，最后加香油拌匀即可。

## B 日式冷面蘸酱

沙拉 火锅 蘸酱 海鲜 鸡肉 猪肉 牛肉 蔬菜 冷面 菇类 鸡蛋

### 材料

柴鱼片..........20g
味醂.............50mL
淡酱油..........50mL
白砂糖..........15g
水.................400mL
日式芥末......适量

### 如何保存

可事先做好放起来，想吃随时取用。蘸酱室温下可放 2–3 小时，冷藏 2–3 周，冷冻 1–2 月。

### 做法

1. 水和柴鱼片放入锅中，煮开后转小火，煮约 25 分钟后过滤成柴鱼汁。
2. 柴鱼汁、味醂、淡酱油、砂糖放入锅中煮开放凉。
3. 食用前在酱汁中调入少许日式芥末酱。

Tips

依个人喜好酌量调整配方比例，重口味者，可多加淡酱油或芥末酱调和。

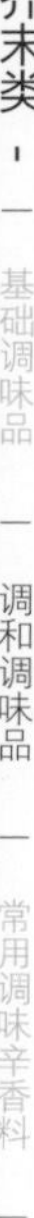


Tips

依个人喜好的辣度，酌量调整日式芥末酱的配方比例，酱汁可直接淋上或附在旁边均可，适合拌面或凉拌鸡丝。

Tips

如喜好芥末呛辣冲鼻的过瘾滋味，可多加些日式芥末酱在面旁，或直接加量调入蘸酱里。

# 日式绿茶冷面

**材料**

日式冷面蘸酱 ....... 150mL
绿茶面 ................... 180g
海苔丝 ................... 5g
熟白芝麻 ............... 5g
鸡蛋 ....................... 1个
蔬菜油 ................... 5mL
七味粉 ................... 3g

**做法**

1. 先将绿茶面放入滚水中煮8分钟，再捞起放进冷水里过水冰镇，待面冷沥干水分备用。
2. 鸡蛋打散，取平底锅放入蔬菜油，以中火煎成蛋皮再切丝状。
3. 将面条盛入盘上，撒上白芝麻、海苔丝、蛋丝、七味粉，冷面酱以器皿盛装另附在旁即可。

# Mustard
# 〈美式黄芥末酱〉

煎 烤 蘸酱 制酱

提到美式黄芥末酱，通常是指颜色深黄、以塑胶罐装的产品，质地偏稀不含颗粒，略带酸味，口感细腻，成分含醋、姜黄粉、红椒粉、黄芥末籽、水、盐、辛香料等，味道与日式芥末相比，相对较温和，呛辣感不明显，酸香开胃。

在美式餐厅中，黄芥末酱经常与番茄酱一起出现，摆在桌上供人们自行取用，特别适合与肉类或油炸料理搭配，像汉堡、热狗堡、炸培根、炸鱼条、烤牛肉，时常都会配上美式黄芥末酱，增添滋味的同时具有去油解腻的效果。

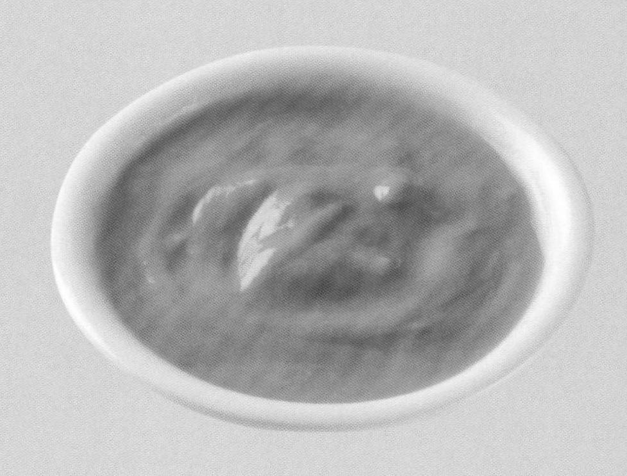

## 功能应用

**搭配美式料理** 在美式料理中，使用黄芥末酱十分普遍，举凡热狗、炸薯条、汉堡或三明治，都不能缺少黄芥末酱润滑调味。

**制作沙拉酱汁** 可与其他调味料混合，搭配调制成沙拉酱汁，如搭配美乃滋制作马铃薯沙拉。

**烧烤蘸酱** 可搭配烤牛排、烤肋排、烤汉堡排等烧烤料理一起食用。

## 保存要诀

· 开罐前可置于室温阴凉处存放，一旦开封后，请收进冰箱内冷藏。

## 方便好用的黄芥末粉

黄芥末粉是黄芥末籽加姜黄、糖、盐等成分制成，粉末状让使用更便利，可直接当作鸡肉、牛肉、汉堡肉等肉类腌料，或制作沙拉酱汁、BBQ 烤肋排酱，还可将芥末粉与水、醋调和，立刻变成好吃的芥末酱。

**挑选技巧**

选购美式黄芥末酱，可从成分标示来辨别使用食材与原料，避免人工色素及过多添加物者。

**Tips**

炸完的鱼条可放在厨房纸巾或料理吸油纸上，吸掉多余的油分。

# 炸鱼条佐黄芥末

**材料**

白肉鱼片......200g
鸡蛋.............1粒
面包粉..........60g
面粉..............30g
盐..................适量
白胡椒粉......适量
沙拉油..........350mL
黄芥末酱......30mL

**做法**

1. 将鱼片切成宽1.5厘米、长6厘米的条状，另将鸡蛋打成蛋液备用。
2. 鱼条以盐、白胡椒粉稍微调味腌渍，再沾裹面粉、蛋液、面包粉。
3. 起锅倒下沙拉油，待油热至180℃左右，放入鱼条炸至金黄后捞起盛盘，旁边放黄芥末酱即可。

# Dijon Mustard / Wholegrain Mustard

# 〈法式芥末酱、芥末籽酱〉

烧烤 蘸酱 制酱

芥末属于十字花科植物，因香气特殊味道辛辣，用于调味已有很长的历史。传统法国芥末酱有四种，以第戎芥末酱（Dijon Mustard）最广为熟知，其次则是芥末籽酱（Wholegrain Mustard）。

法国第戎芥末酱，最早是由 Jean Naigeon 于 1865 年发明，并以生产地第戎（Dijon）为名，因用途广泛受人们喜爱，至今世界各地仍持续热销这款滋味美妙的芥末酱。

法式芥末酱选用棕色的芥末籽，并以酒、酒醋调味，独树一帜的浓郁滋味让它受许多厨师、料理家的热爱。芥末籽酱的做法，与第戎芥末酱大致相同，主要差别在于芥末籽酱保留了较完整的芥末籽颗粒，外观黄中散布许多咖啡色颗粒，尝起来也拥有不同层次的口感质地。

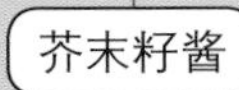
芥末籽酱

法式芥末酱

## 〈 功能应用 〉

**调制沙拉酱汁** 常见的传统沙拉酱汁，会在芥末酱中加入橄榄油与酒醋，混合均匀后就是美味的沙拉酱，适合搭配多种新鲜蔬果、水煮鸡肉一起食用。

**搭配红肉料理** 法式芥末酱调入一点优格、黑胡椒，或加入一点口味酸甜的果酱，适合搭配红肉料理一起品尝，不仅别具风味更能去腥解油腻。

**制作蜂蜜芥末酱** 法式芥末酱中加入蜂蜜与美乃滋，就成了受欢迎的蜂蜜芥末酱，蜂蜜芥末酱滋味甜而温顺，可当炸物蘸酱、面包抹酱、沙拉淋酱，腌渍肉类也很好用。

## 挑选技巧

1 留意产地，有的人会特意挑选来自法国第戎的芥末酱，其实挑选具有口碑的传统品牌，是最简单的方法。

2 若是选择芥末籽酱，应留意芥末籽的颗粒是否丰盈饱满。

## 〈 保存要诀 〉

· 开封前可置于室温阴凉处保存，开封后则收进冰箱冷藏。

# 蜂蜜芥末酱

使用芥末籽酱

蘸酱 焗烤 海鲜 鱼肉 鸡肉 猪肉 牛肉 蔬菜 面包 甜品 饮料

## 材料

芥末籽酱......30g
蜂蜜..............15mL
柠檬汁..........15mL
美乃滋..........90g

## 如何保存

使用前适量制作即可。做好的酱室温下可放1–2小时，冷藏2–3天。

## 做法

把所有材料混合搅拌均匀即可。

Tips

如希望颜色更漂亮，可在配方里加点美式黄芥末酱调色。

# 塔塔酱

使用法式芥末酱

蘸酱 焗烤 海鲜 鱼肉 鸡肉 猪肉 牛肉 蔬菜 面包 甜品 饮料

## 材料

美乃滋.......... 160g
洋葱.............. 50g
酸黄瓜.......... 40g
水煮蛋.......... 1 粒
新鲜巴西里 .. 3g
柠檬汁.......... 10mL
黑胡椒粉...... 适量
法式芥末酱 .. 10g

## 如何保存

可事先做好放起来，想吃随时取用。做好的酱室温下可放 1–2 小时，冷藏 2–3 天。

## 做法

1 将洋葱、酸黄瓜、水煮蛋、新鲜巴西里都切成碎，备用。

2 再把美乃滋和切碎的食材、柠檬汁、黑胡椒粉、法式芥末酱混合搅拌均匀即可。

Tips

洋葱碎泡凉开水 3 分钟后沥干，用手轻轻捏出水分，可除去辛辣味。

# Fish Sauce

煎 炒 煮 蘸酱 调酱

**融合海洋咸鲜香，让人食指大动的重口味**

鱼露是东南亚料理的灵魂，如果真要对比，其重要性就如同酱油之于中华料理，有了它才能创作出更多美好风味。

鱼露的制作过程繁复，传统鱼露以小鱼虾为原料，放入缸中用大量盐腌渍，白天日晒、晚上密封，需经历盐腌、发酵、熬炼、熟成、过滤等工序，才能获得琥珀色的汁液，过滤后就是我们熟悉的鱼露。

制成鱼露至少需耗时半年，发酵时间越久，得到的鱼露不单色泽较为清透，味道也更温和顺口。传统鱼露仅使用盐和鱼（或鱼的萃取）两种原料，高品质的鱼露则是以鳀鱼、鲭鱼或西鲱制成。基于食品安全与保存考量，鱼露在合理范围内可添加适量防腐成分，如十分在意，购买前应多留意。

## 功能应用

**增添风味** 初闻鱼露，不少人会对它的腥味敬而远之，但鱼露确实有提升食材和料理鲜度之效，加上本身鲜咸够味，不用额外添加味精和盐，可广泛运用在肉类、海鲜、蔬食、炒饭、炒面等食材和料理中，与糖及各种辛香料也能搭配得宜，是南洋风味倚重的咸鲜味来源。

**制作酱汁** 东南亚天气炎热，凉拌菜常是最受欢迎的选择，凉拌菜多是生食或简单汆烫，料理方式简便，很适合加点鱼露与辛香料调制酱汁搭配食用。

Check!

### 挑选技巧

1 在不能开瓶试闻或品尝的情况下，选择玻璃瓶装比塑胶瓶装来得安全，并请仔细查看产品标签，了解成分与保存期限。

2 氮含量和品质好坏有关，通常氮含量越高代表品质越佳，购买前可相互比较（但并非所有品牌都有标示）。

3 虽然鱼露非高价产品，不过不合理的低价，相对也隐藏了较高的风险，加上用量不大，选购时建议以中高价位产品为佳。

### 保存要诀

· 未开封前请放置于阴凉处，避免高温及阳光直射变质。

· 开瓶后则需放置于冰箱冷藏，并且在 6 个月内使用完毕为佳。

## A 泰式梅子酱

蘸酱 火锅 鱼肉 海鲜 鸡肉 猪肉 牛肉 蔬菜 面饭 菇类 鸡蛋

### 材料

紫苏梅.......... 50g
棕榈糖.......... 15g
柠檬汁.......... 15mL
水................. 60mL
番茄酱.......... 35mL

### 如何保存

可事先做好放起来，想吃随时取用。做好的酱室温下可放 8 小时，冷藏 2–3 周。

### 做法

1 将紫苏梅去籽，果肉切成泥状。
2 将梅泥和水、棕榈糖、番茄酱混合后放入锅内，用小火煮开后加柠檬汁拌匀再放冷即可。

## B 泰式椒麻酱

蘸酱 火锅 鱼肉 海鲜 鸡肉 猪肉 牛肉 蔬菜 冷面 菇类 鸡蛋

### 材料

酱油............. 90mL
柠檬汁.......... 15mL
鱼露............. 10mL
香油............. 10mL
花椒油.......... 10mL
白砂糖.......... 15g
蒜头............. 15g
红辣椒.......... 12g
香菜............. 10g

### 如何保存

可事先做好放起来，想吃随时取用。做好的酱室温下可放 8 小时，冷藏 2–3 天。

### 做法

1 将食材洗净，蒜头、红辣椒、香菜切碎，备用。
2 其余调味材料先搅拌至砂糖溶解，再把所有食材混合拌匀即可。

Tips

泰式梅子酱常拿来搭配炸虾饼，剥下的紫苏梅肉可用搅拌棒打成细致的果泥。煮梅子酱时不能开大火，要不停搅拌以免烧焦。

Tips

喜欢吃辣的重口味爱好者，可把红辣椒换成朝天椒。

**Tips**

传统椒麻鸡用炸的比较油腻，我们改良成烘烤的做法，少去油炸的热量，滋味更清爽，酸辣又开胃。

# 泰式椒麻鸡腿

**材料**

去骨鸡腿...............180g
鱼露.......................15mL
白砂糖...................10g
柠檬汁...................10mL
泰式椒麻酱...........50mL
卷心菜...................80g
粗花生碎...............10g
香菜碎...................5g

**做法**

1. 卷心菜叶洗净切丝备用。
2. 鸡腿肉以鱼露、砂糖、柠檬汁先腌渍约15分钟，之后入烤箱以180℃烤15–20分钟。
3. 卷心菜丝铺盘，放上烤好的鸡腿（可先切成长块），淋上椒麻酱、粗花生碎、香菜碎即可。

# Shrimp Paste

# 〈 虾酱 / 虾膏 〉

炒　调酱

虾酱与虾膏，是南洋料理中十分普遍而重要的调味，除了马来西亚著名的马拉盏（Belacan）外，越南、缅甸、港澳、泰国等地，也都会使用类似的佐料。

顾名思义，虾膏是以虾子为主原料，将小虾以盐腌渍，经暴晒并等待数个月发酵凝结，之后捣碎成浓稠的膏状，填装入瓶罐贩售。有些虾膏产品则会再经压缩干燥制作成块状，但本质和用途相同，平时在超市或食材店所看到的罐装产品，实际上应为虾膏。

虾膏味道浓郁，咸度高并带有腥味，通常会取少量搭配其他调味料一起料理，平日我们熟悉的虾酱，便是以虾膏为基底，搭配虾米与辛香料调味炒香而得来的。

## 功能应用

**增咸提香** 虾膏的基本调性与鱼露相近，都经过盐渍、发酵等程序，所以闻起来气味并不讨喜，但经过烹调后便能转化产生诱人的香味。其使用方式也与鱼露十分接近，只是鱼露为液态，会增加料理的湿度，虾膏水分少，更适用于干炒与制作咖喱。

**制作虾酱** 以虾膏为基底，搭配虾米、辣椒、蒜、青葱、姜及少许糖拌炒，就成了广受喜爱的虾酱。如果很爱虾酱的味道，一次可以多炒一些，放凉后装盒罐收进冰箱保存，当作常备酱料使用。

**制作辣椒酱** 同样以虾膏为基底制成的另一个名酱，是马来西亚的"参巴辣椒酱（Sambal）"，参巴辣椒酱是马来西亚家庭必备的酱料之一，许多人还会自制独门的家传口味。参巴辣椒酱的成分为虾膏加上红辣椒、朝天椒、红葱、蒜末、棕榈糖、食用油和其他香料，将食材切成碎末后与虾膏拌炒即可。

## 保存要诀

- 开封前放置于室内阴凉处，避免高温及阳光直射导致变质，开封后则需收进冰箱冷藏。

1 虾膏的颜色应为深咖啡色，若颜色过于鲜红，则表示可能掺有色素，应尽量避免购买。

2 虾膏分块状或罐装膏状可供选择，风味上差异不大，依自己的使用习惯挑选就好。

**Tips**

虾膏有块状和膏状两种，我们使用的是较容易购买到的膏状，在一般超市或食材店、南洋食品行等都可购买，通常以玻璃罐或塑胶罐盛装，陈列在调味品区。

# 虾酱炒四季豆

**材料**

四季豆……………… 250g
蒜头…………………… 10g
虾米…………………… 10g
红辣椒……………… 10g
虾酱…………………… 20g
鱼露…………………… 20mL
白砂糖……………… 5g
白胡椒粉…………… 适量
水……………………… 80mL
蔬菜油……………… 15mL

**做法**

1 四季豆洗净切小段，蒜头、红辣椒切碎，虾米泡水后滤干水分切碎，备用。
2 起锅放入蔬菜油炒香蒜碎、辣椒、虾米，接着加四季豆略炒，再倒水、砂糖、虾酱、鱼露、白胡椒粉炒匀至四季豆熟透即可。

Pimentón de la Vera
La Chinata
TABASCO

# Part 3

## 常用调味辛香料

# Fresh Chilli
# 〈新鲜辣椒〉

各式烹调 做酱

## 辛辣过瘾，促进循环代谢

辣椒又名番椒、辣子等，属茄科植物，原产于中南美洲热带地区，人们食用辣椒已有非常长的历史，在生活中普遍作为辛香料使用，并且开枝散叶发展出众多品种，创造出千百种美妙的调味配方。

辣椒除了调味，还可促进新陈代谢、血液循环、帮助肠胃蠕动，并含有抗氧化物质，适量食用对健康有益，常见的品种如一般辣度的长辣椒，或尖头、短小、辣味强的朝天椒，以及状似鸡心、圆胖短小、高辣度的鸡心椒等。

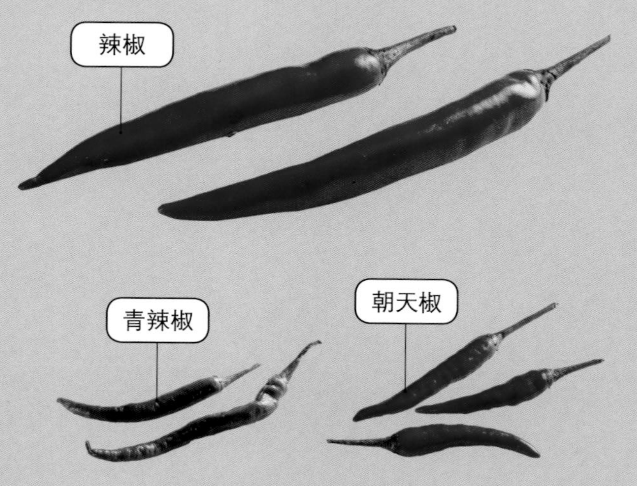


有趣的是，因“辣度”是一种主观感受，难有统一的评断标准，因此1912年美国的化学家韦伯·史高维尔发明了测定辣度的方法，将辣度区分成零至数百万单位不等，称为“史高维尔辣度单位（Scoville Heat Unit, SHU）”，持续运用至今。

## 〈 功能应用 〉

**直接入菜** 辣椒可以直接加入料理增添色香味，中华料理又以川菜与湘菜最常运用辣椒，诱人的色泽与鲜明的辣味，成为这些菜系的重要灵魂。

**作为食材** 辣椒除了作为调味佐料也可当成食材，经典菜如辣椒镶肉、糯米椒炒鱼干，就选用了低辣度的糯米椒（青龙椒）或绿辣椒等品种，保留特有椒香却不会麻辣刺激。

**调制佐料** 许多酱料都以辣椒为主原料，如辣椒酱、辣豆瓣酱、辣椒油、韩式辣酱、墨西哥腌辣椒、辣椒醋等，因各地盛产的品种不同，喜好的辣度、口味也有差异，衍生出许多风味独具的调味佐料。

糯米椒

Check!

### 挑选技巧

1 挑选新鲜辣椒时，请选择蒂头鲜绿、表面光滑、完整饱满者，避免有压伤、裂开或发霉。

2 市面上辣椒种类繁多，辣度与味道各异，可依料理需求及个人口味选择品种，或挑几种不同种类的辣椒互相搭配，创造辛辣过瘾的味觉层次。

## 〈 保存要诀 〉

- 新鲜辣椒可用牛皮纸或白报纸包起，放入冰箱保存约一周。
- 将辣椒直接切圆片或斜片，收入密封袋放进冷冻库保存，使用时无须退冰；另外还可风干制成辣椒干。

Tips

若家中有食物料理机可用来打碎辣椒，做好的酱应装入已消毒的玻璃罐，再收进冰箱冷藏。

# 自制辣椒酱

蘸酱 烧烤 海鲜 鱼肉 鸡肉 猪肉 牛肉 蔬菜 饭面

## 材料

红辣椒.......... 200g
朝天椒.......... 150g
蒜头.............. 60g
蔬菜油.......... 200mL
盐.................. 20g
白砂糖.......... 15g

## 如何保存

可事先做好放起来，随时取用。做好的酱室温下可放1周，冷藏5-6个月。

## 做法

1. 红辣椒、朝天椒洗净去蒂头切碎，蒜头去皮也切碎，备用。
2. 起锅放入蔬菜油，以小火先炒蒜碎，再放入两种辣椒碎，炒至香味释放、油色变红，最后加盐、砂糖调味即可。

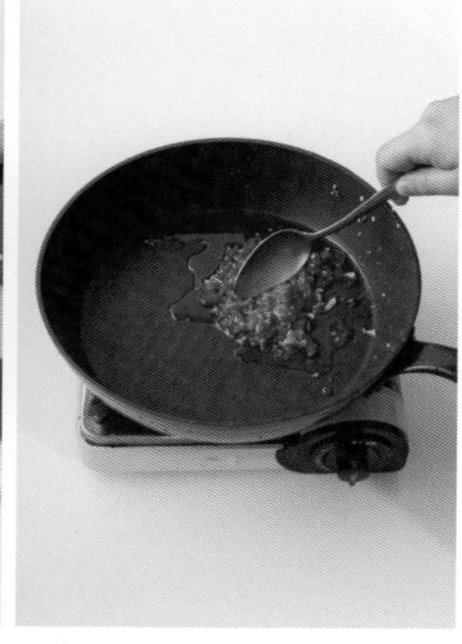

## Dried Chilli

# 〈辣椒干、辣椒粉、辣椒丝〉

腌渍　各式烹调　配色点缀

将新鲜辣椒风干脱水后即得辣椒干，风干辣椒的外形干瘪，呈暗红或深红色，辣度也稍微减低，适合提味但不呛辣，且多了酥脆的口感，香气也更为突显，在中式、西式料理都很常见，可切段、切碎或磨粉加入料理，经典川菜宫保鸡丁便大量运用辣椒干入菜。

辣椒风干后，因含水量低所以保存时间被拉长了，也常见以不同的形态出现在料理中，如干辣椒丝可作为盛盘装饰用，辣椒粉用于腌肉、腌泡菜或料理调味，段状或片状的辣椒干则入菜及调制酱料，就连享用比萨，人们也常撒点辣椒片或辣椒粉增香提味。

## 功能应用

**宫保料理** 知名川菜宫保鸡丁，名称典故相传源于清代嗜辣的官员丁宝桢，演变至今，人们习惯将宫保指向以干辣椒带出香辣味的料理手法，除宫保鸡丁外，也衍生出宫保虾球、宫保皮蛋等不同搭配。

**炒菜调味** 新鲜辣椒用完了怎么办？这时辣椒干是万用好帮手，将辣椒干与蒜头、花椒同炒，就成了百搭的香辣调味组合，也可加入酱油、糖、米酒、姜等，搭配各种食材做成辣味料理。

**调制酱料** 辣椒干可调制调味酱料或制作辣油，如小鱼干辣酱等。

## 保存要诀

• 辣椒干、辣椒丝、辣椒粉的含水量低，可长期保存，收入密封罐中可常温存放一年，保存时请远离潮湿处，避免接触水气而发霉，亦可用密封袋盛装收入冷冻库保存，如出现异味请避免使用。

1 辣椒干应确保完全干燥，表面光亮酥脆、散发香气，避免受潮或发霉的产品。

2 辣椒丝多为装饰用途，应确保其完全干燥，除非餐厅商用，否则因为使用频率不高，选择小包装较恰当。

3 辣椒粉、辣椒片多为袋装或罐装，应确保完全干燥，散发香味无结块。

**Tips**

如果怕太辣，可将辣椒干分量减半，
或换成辣度较低的红辣椒。

# 宫保鸡丁

## 材料

鸡胸肉丁...... 180g
干辣椒.......... 5g
蒜头............. 15g
老姜............. 5g
青葱............. 15g
酱油............. 60mL
白砂糖.......... 15g
乌醋............. 15mL
米酒............. 30mL
麻油............. 10mL
熟花生粒...... 10g
太白粉.......... 15g
蔬菜油.......... 250mL

## 做法

1 蒜头、姜切碎，青葱切段，辣椒干斜切去籽，去骨鸡胸肉切成长宽各 2 厘米大小的肉丁。

2 先倒酱油 30 毫升和米酒 15 毫升腌鸡胸肉，再加入太白粉拌匀腌渍约 15 分钟。

3 起锅放入蔬菜油，以小火炸鸡丁至稍微变色即可捞起备用。

4 另起一锅加少许蔬菜油，放入蒜、姜碎、干辣椒爆香后，加鸡丁、米酒、酱油、砂糖、乌醋快速拌炒并收干酱汁，再放青葱段、花生粒、麻油拌炒即可。

**Tips**

夏天发酵速度较快，在阴凉处放置2–3天即可，若要收入冰箱冷藏，则需静待约7–10天即发酵完成。

# 腌韩式泡菜

## 材料

| | | | |
|---|---|---|---|
| 大白菜 | 400g | 韩国辣椒粉 | 30g |
| 韭菜 | 80g | 鱼露 | 15mL |
| 蒜头 | 10g | 麻油 | 10mL |
| 姜 | 10g | 米醋 | 15mL |
| 盐 | 7.5g | 白砂糖 | 10g |

## 做法

1. 大白菜叶洗净擦干，用手撕成长条，韭菜切段，蒜头、姜切碎，备用。
2. 将蒜碎、姜碎、盐、韩国辣椒粉、鱼露、砂糖、米醋、麻油拌匀，倒入料理用的钢盆内。
3. 再把备好的白菜放入翻拌，接着加韭菜段拌匀，最后将泡菜放入加盖玻璃瓶存放，静置阴凉处 5-6 天等待发酵。

### 让料理更诱人的韩式辣椒粉

色泽红彤彤的韩国辣椒粉，许多韩式料理都会用到。在韩国，辣椒粉区分不同辣度和粉末粗细，韩式辣椒粉的颜色鲜艳红润、味道辣中带香，和中国台湾或其他国家的辣椒粉风味大不相同。使用上依料理方式添加，若是煮汤或泡菜锅，以使用细辣椒粉为主；若要腌渍泡菜、凉拌菜，则用粗辣椒粉最合适。

# Shichimi Togarashi

# 七味粉

烧烤 蘸料 汤品或料理调味

七味粉也称七味唐辛子，最早出现于日本江户时期，从中药材中获得灵感调制而成，是一种以辣椒粉（唐辛子）为主材料的复合调味品，另混合了黑芝麻、白芝麻、橘子皮、山椒、海苔、姜、火麻仁、菜籽等多种辛香料。七味粉虽以混合七种材料而得名，实际上并没有固定配方，各品牌略有差异，依中医的观点来看，内含成分多属温补，能温热祛湿，对健康有益。

七味粉的辣度不高，层次丰富、香气独特，广泛被运用在日式料理中，日式餐厅的桌上也常摆放七味粉供客人随时取用，乌龙面、荞麦面、炸鸡也可以加一点，又红又香，诱发食欲。

## 〈 功能应用 〉

**搭配荞麦面** 在日本人眼里，荞麦面和七味粉的关系密不可分，七味粉常搭配荞麦面的蘸料，早期的七味粉甚至是伴随荞麦面而广为人知。

**制作其他调味料** 七味粉也可与其他调味料混合，如味噌酱、日式美乃滋、柑橘果醋等，制作成不同口味的调味蘸酱。

**增色提味** 整体来说，七味粉的应用非常随性，任意撒一点就能替料理增加卖相，另一方面，七味粉虽无显著咸度，却有提升滋味的效果，相对能减少酱油和盐的用量。

## 〈 保存要诀 〉

· 请以包装上的保存期限为准，开封后置于通风阴凉处，用毕请锁紧上盖避免受潮，亦可收入冰箱冷藏保存，并尽快食用完毕。

1 在台湾，一般超市就贩售七味粉，但种类不多，如果想有较多选择，可以到日系百货的超市逛逛。

2 日本当地有不少制作七味粉的传统百年老店，保留了地道的做法与味道，哪天如果到日本旅游，可以特别留意一下。

**Tips**

鱼的种类没有硬性规定，除了鳕鱼外，
旗鱼、鲑鱼的肉质也很适合烤了吃！

# 七味味噌烤鱼

## 材料

鳕鱼片.......... 2片（180g×2片）
白味噌.......... 90g
味醂.............. 45mL
柠檬汁.......... 15mL
七味粉.......... 5g
水.................. 150mL

## 做法

1. 水、白味噌、味醂、柠檬汁混合调成腌汁，把鱼浸渍其中约1天。
2. 使用前洗去鱼片表面的味噌，再用纸巾吸干水分，入烤箱以180℃烤12–15分钟，盛盘后以柠檬片装饰，并在上头撒七味粉即可。

# Chili Oil
# 辣油

各式烹调 做酱

辣油也称为辣椒油、红油，有颜色橘红（或棕色）、味麻辣、香气醇厚的特点，色泽和香气受辣椒种类、食材、制法的影响而有差异。

最基础的辣油制作，是在热油中倒入干辣椒粉，利用油温逼出辣椒素和香气，除了干辣椒粉外，也可添加不同种类的辛香料，常见如八角、花椒、芝麻、葱、姜、蒜头等，好的辣油香气十足，入口感受的辣味温润，而不是灼伤的刺痛感。辣油的配方千变万化，不少品牌皆有独门配方，也因为制作并不困难，许多家庭也有祖传秘诀，把好味道一代传一代。

## 〈 功能应用 〉

**各式料理** 辣油可广泛应用在各式料理中，拌入米粉、面条、羹汤里，或是烹煮红油抄手、麻婆豆腐、水煮鱼、水煮牛肉等红油料理。

**凉拌调味** 辣油不仅适合热食，在各种凉拌料理中也更能发挥特色，即使在夏天吃，也清爽又开胃，能让人感受到冰凉与火辣的对比。

**麻辣火锅** 香麻够味的正宗四川麻辣锅，表面浮着一层红红的辣油，是麻辣锅汤底不可缺少的灵魂材料。

1 辣油除了辣度外，香味也同等重要，选购时可注意成分标示，避免不必要的化学添加物影响味道和品质。

2 如果很爱吃辣油不妨自制，将辣椒干、辣椒粉、花椒浸泡在热油中，放凉即可装罐。

## 〈 保存要诀 〉

· 未开封时常温保存，使用时务必以干净清洁的汤匙挖取，瓶装产品则直接倒出，避免辣油接触生水变质，开封后请冷藏，并尽速食用完毕。

# Chili Sauce
# 辣椒酱

各式烹调 做酱

基本的辣椒酱是以生辣椒为原料，经洗净、去蒂、晾干、剁椒再炒制，虽然做法简单，过程却很讲究，尤其辣椒应该切成小段或碎粒，油与辣椒接触面积越大，越能释出红色素与辣椒素；此外，炒制时油温不宜过高，以免充分释放色香辣前，抢先一步产生了焦味。

辣椒酱的质地可分两种，一种是剁椒，保留了辣椒的皮与籽，酱的香气较为奔放，另一种则是将辣椒与其他食材完全磨成泥状，味道融合一致。

市面上常见的辣椒酱，除了添加生辣椒，还会放入其他辛香料及调味料，像嗜辣者会加重朝天椒的分量让辣味更浓郁，或是加入蒜头、花椒、豆豉等，配方影响了辣度、口感与风味，喜好端看个人接受度。

## 功能应用

**炒菜爆香** 炒菜时可在油热后加些许剁椒辣椒酱爆香，透过热油加速释放辣椒香气，让料理染上橘红的诱人色泽。

**调制蘸酱** 各类蘸酱都可加点辣椒酱调味，依自己的喜好拿捏辣度与咸度。

**其他各种烹调** 辣椒酱的运用几乎不受限制，不论蒸、煮、炖、卤、拌、炒都适合，有了辣味的点缀，料理更显丰盛开胃。

## 保存要诀

· 未开封前请置于常温阴凉处保存，开瓶后则收入冰箱冷藏。

· 若是自制辣椒酱，做好后常温下可放一周，以冷藏保存为佳，可放5–6个月。

· 使用时务必以干燥清洁的汤匙挖取，以免沾染生水细菌导致变质。

1 选购时请留意成分标示与保存期限，避免人工调味料（甘味剂）、防腐剂、色素、酒精等添加物。

2 检视瓶身标明的大中小辣度（多用国字或辣椒图案多寡表示辣度），依自己能接受的辣度做选择。

# A 甜辣酱 使用辣椒酱

蘸酱 烧烤 海鲜 鱼肉 鸡肉 猪肉 牛肉 蔬菜 面饭 肉粽 饮料

**材料**

辣椒酱..........100mL
番茄酱..........50mL
白砂糖..........30g
水..................100mL
太白粉..........5g

**如何保存**

可事先做好放起来，想吃随时取用。做好的酱室温下可放 8 小时，冷藏 1–2 周。

**做法**

将水、砂糖、辣椒酱、番茄酱拌匀煮开，再用太白粉勾芡，放冷即可。

# B 红油抄手酱 使用辣油

蘸酱 烧烤 海鲜 鱼肉 鸡肉 猪肉 牛肉 蔬菜 面条 粿 馄饨

**材料**

辣油.............30mL
香油.............10mL
酱油.............15mL
白醋.............15mL
花椒粉..........5g
蒜头.............15g
白砂糖..........5g

**如何保存**

使用前适量制作即可。做好的酱室温下可放 8 小时，冷藏 2–3 天。

**做法**

蒜头切末，和辣油、香油、酱油、花椒粉、白醋、砂糖全部拌匀即可。

Tips

可依个人喜好调整配方比例，甜辣酱亦可运用本书教授的自制辣椒酱延伸制作，味道香气更足，添加物少食用更安心！

Tips

可依个人喜好调整配方比例，花椒本身味道辛麻，花椒粉因研磨味道更容易释出，香麻带劲。

# Chili Bean Sauce

# 辣豆瓣酱

炒 煮 炖 腌渍 做酱

辣豆瓣酱的味道酱香醇厚、咸甜辣均衡适口，是一种酿渍类的调味品，主成分含辣椒、黄豆（或蚕豆）、盐、糖等原料，熬煮后经天然发酵，经历繁复工序制成。

以辣豆瓣酱搭配料理有提味起鲜之效，据说，四川的老人家们料理时总爱讲："菜上镶点豆瓣吧！"可见豆瓣酱是川菜的灵魂。

在台湾则以高雄冈山地区的辣豆瓣酱最为出名，它承袭了传统四川辣豆瓣的味道，加入辣油、香油、豆腐乳等不同材料予以改良，渐渐发展出另一种独到的台式辣豆瓣酱，兼并咸香辣的好味道，成了许多在外求学、工作的游子们心中难以忘怀的家乡味。

## 功能应用

**川菜料理** 有了辣豆瓣酱，就能轻松料理出许多名菜，如麻婆豆腐、鱼香茄子、红烧豆瓣鱼等，必定少不了以辣豆瓣酱调味。

**搭配羊肉炉** 高雄冈山有三宝——蜂蜜、羊肉、豆瓣酱，冈山地区的羊肉料理远近驰名，当地人最喜欢在吃羊肉炉时蘸辣豆瓣酱一起享用，味道十分契合。

**万用蘸酱** 许多小吃店都会备有辣豆瓣酱供客人取用，多数人会将辣豆瓣酱与酱油、香油、醋调和，搭配水饺锅贴或豆干海带等小菜一起食用。

## 保存要诀

- 未开封前请置于常温阴凉处保存，开封后则收入冰箱冷藏。
- 使用时务必以干燥清洁的汤匙挖取，以免沾染生水细菌导致变质。

1 辣豆瓣酱属黄豆类制品，建议选择非转基因黄豆制成之产品。

2 有的豆瓣酱会添加蚕豆，请多留意包装标示，蚕豆症患者避免误食。

# TABASCO

# 〈塔巴斯科辣酱〉

蘸酱 淋酱 调酒

塔巴斯科辣酱也称为红辣椒水，在西式、意式餐厅桌上常摆放塔巴斯科辣酱，让顾客自由搭配比萨和意大利面。塔巴斯科原是墨西哥的一处地名，不过塔巴斯科辣酱的原产地并非墨西哥而是美国，发明人是银行家艾德蒙·麦克汉尼（Edmund McIlhenny），他1868年成立麦克汉尼公司专售这款辣椒酱，并于1870年为产品注册专利，推广行销至世界各地。

塔巴斯科辣酱的主原料是小米辣椒，做法是将辣椒捣碎，以矿物盐腌渍数天，再将辣椒和矿物盐混合的原料糊放置在桶里，加入天然白醋酿制，经历三年的熟成而得，辣酱融合了辣与酸，清爽不腻口，口味深受欢迎。

## 〈 功能应用 〉

**搭配比萨和面食** 塔巴斯科辣酱常用来搭配比萨、潜艇堡、意大利面等，几滴就能满足吃辣的欲望，清爽的酸味更能解除油腻感。

**搭配肉排海鲜** 将塔巴斯科辣酱搭配肉排与海鲜，可增加料理的风味层次，并发挥去腥解腻的效果。

**制作调酒饮料** 很特别的，塔巴斯科辣酱甚至可用来制作调酒饮料，如血腥玛丽就加入了塔巴斯科辣酱，融入其中的辣味成为鲜明的点缀。

1 塔巴斯科辣酱是专利注册的商品，选购时请认明包装标示。

2 除了最常见的原味经典塔巴斯科辣酱外，另推出蒜味辣酱（Garlic Pepper Sauce）、水牛城风味辣酱（Buffalo Style Sauce）、墨西哥绿辣酱（Green jalapeño sauce）等数种风味，以不同的酱汁颜色和瓶身标签区别，可依个人喜好和料理需求选择。

## 〈 保存要诀 〉

· 开封前置于常温阴凉通风处即可，开封后请收入冰箱冷藏。

## A 番茄莎莎酱

使用塔巴斯科辣酱

蘸酱 沙拉 玉米片 墨西哥饼 鱼肉 鸡肉 猪肉 牛肉 蔬菜 面饭

### 材料

| | |
|---|---|
| 牛番茄肉............150g | 盐........................2g |
| 紫洋葱................50g | 黑胡椒粉............2g |
| 蒜头....................10g | 橄榄油................30mL |
| 红辣椒................10g | 红酒醋................15mL |
| 香菜....................5g | 塔巴斯科辣酱 ....5mL |
| 柠檬汁................10mL | |

### 如何保存

可事先做好放起来，想吃随时取用。做好的酱室温下可放 2 小时，冷藏 1–2 天。

### 做法

1 食材洗净，牛番茄底部划十字汆烫 10 秒后捞起，先剥皮再去籽取肉切小丁，备用。

2 另将红辣椒去籽切碎，紫洋葱、蒜头、香菜切碎，备用。

3 所有材料及调味料混合拌匀后，放进冰箱冷藏 30 分钟即入味。

## B 鱼香酱

使用辣豆瓣酱

### 材料

| | |
|---|---|
| 辣豆瓣酱...... 15g | 青葱............. 15g |
| 酱油............. 15mL | 老姜............. 15g |
| 乌醋............. 15mL | 蒜头............. 5g |
| 白砂糖.......... 15g | 蔬菜油.......... 15mL |
| 米酒............. 15mL | 水................. 60mL |
| 太白粉.......... 10g | |

### 如何保存

使用前适量制作即可。做好的酱室温下可放 8 小时，冷藏 1–2 周。

### 做法

1 食材洗净，蒜头、姜、青葱都切碎，备用。

2 起锅放入蔬菜油，先炒蒜、姜、青葱碎至香味释出，放辣豆瓣酱、酱油、糖、米酒、乌醋、水拌炒煮开后，用太白粉勾芡成微微浓稠状即可。

Tips

莎莎酱是墨西哥菜常用的佐餐酱料，以番茄为主基底，口感酸辣清爽，可依喜好多放点柠檬汁或辣椒水，美味独一无二。

A

B

Tips

可依喜好调整配方比例，鱼香酱里其实没有鱼的成分，常见用途是拿来做下饭的鱼香茄子或鱼香肉丝！

**Tips**

切开的茄子若曝露在空气中太久易变黑，建议切好后先泡盐水防止氧化。

# 鱼香茄子

### 材料

茄子.............. 250g
鱼香酱.......... 150mL
蔬菜油.......... 150mL
青葱.............. 30g
香菜.............. 5g

### 做法

1 食材洗净，茄子切成长条状，青葱、香菜切碎，备用。
2 起锅放入蔬菜油，以中火煎茄子条，每条都要煎上色，再把茄条夹起铺在厨房纸巾或料理吸油纸上吸去多余油分。
3 另将鱼香酱入锅加热，放下步骤 2 煎好的茄条拌炒均匀即可盛盘，撒上青葱、香菜碎即可。

颜色翠绿微微辛辣，香气新鲜浓郁

# Scallion
# 青葱

炒 卤 炖 红烧 腌渍 酱汁 药材

葱又称青葱、大葱，在中式料理中，葱是非常重要、极为普遍的调味蔬菜，其叶呈圆筒形、末端尖、中空易折，味道香而微辛，常切丝、切段、切圆片、切斜片、切葱花，放入料理中爆香煎炒，或是加进卤汁里炖煮，还可作为盘饰铺底，用途非常广泛。

若一下子买了太多葱，不妨试试以热油浸泡葱花（可加些姜末及盐），待冷却再装入罐中收进冰箱冷藏，这样做成的葱油不论干拌面、炒菜都很合适。另外还有一个小妙方，就是将新鲜的葱洗净去除根部，切成葱花再放入保鲜袋、保鲜盒收进冷冻库，需要时再适量取用，可延长保存时间。

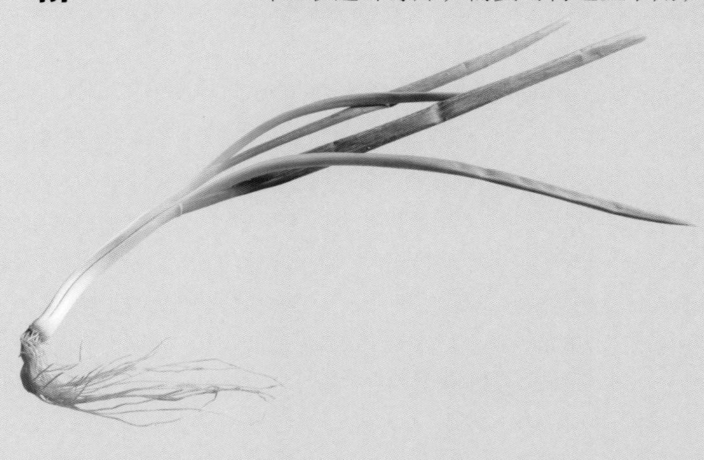

## 〈 功能应用 〉

**爆香增味** 不论肉类、海鲜或蔬菜，料理时都能利用葱爆香增添香气，葱可说是料理的最佳配角，以切段、切丝、切葱花的形式融入料理，既除腥又增味。

**料理入菜** 葱其实也能当主菜，炒青葱、炒葱苗都是朴实的家常菜色。在蔬菜较缺乏的中国北方，也常见直接生吃葱的料理，如肉卷饼里夹葱段，葱油饼、花卷更是将葱融洽结合在面食里。

**抑菌强身** 葱的维生素 C 丰富，还具有抑菌的功效，老一辈也有利用葱白煮水促进排汗、治疗感冒风寒的妙方，也难怪葱有“食疗界的抗生素”的美称。

## 〈 保存要诀 〉

· 葱买回家后，千万不要搁置在塑料袋里，这样很快会变黄甚至烂掉。

· 建议用牛皮纸或白报纸卷起再装入塑料袋，收进冰箱可保存约 1 周。

1 挑选时留意，葱的外形要挺直，葱青与葱白部位分明，并选择葱白部分结实、洁白且粗细均匀的葱。

2 葱青若已变黄、纤维老化，或有水伤、虫咬、腐烂等现象，表示品质不新鲜不宜选购。

# 去腥保鲜，促进身体代谢循环

## Ginger 姜

各式烹调 腌渍 做酱 饮料 烘焙 甜点 药材

姜依生长期长短分为嫩姜、粉姜、老姜三种形态。

嫩姜色浅、皮薄肉嫩（粗纤维少）多汁，常用于腌渍或日式料理；粉姜的肉质则介于嫩姜和老姜之间，属性温和，常用来爆香，或搭配寒凉食材烹煮降低寒性；老姜也称姜母，纤维粗、味道辛辣，冬日常拿来煮黑糖姜茶、麻油鸡、姜母鸭等，性质温热滋补。

不论是煎、煮、炒、卤或炖，也不管是肉类还是蔬菜料理，粉姜、嫩姜或老姜，皆有提味去腥的功能，俗话说，“冬吃萝卜夏吃姜，不劳医生开药方”，可见姜具养生保健的健康益处。

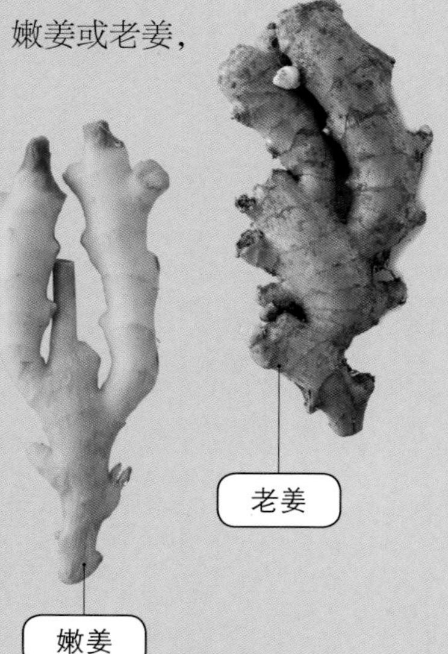

## 功能应用

**去腥增味** 姜能消除肉类或海鲜的腥膻味，嫩姜爽口、粉姜温和、老姜辛辣，独特的呛辣味和除腥能力，在料理鱼、虾蟹、鸡肉、猪肉时发挥得淋漓尽致。

**去寒暖胃** 把姜切片、切丝或拍碎，和凉性的蔬菜一起炒煮，能达到去寒暖胃的效果，煮地瓜甜汤时加入拍碎的姜，更是冬日最佳暖身甜品。粉姜与老姜的温质特性，能提高食欲、增进气血循环，甚至能缓解初期感冒症状。

**烘焙饮品** 不光是料理，还有常见的姜饼、姜糖、姜茶、姜汁汽水等，欧美也常会在做面包、蛋糕时加入姜，并制作姜味果酱，兼顾美味与健康。

## 保存要诀

· 嫩姜擦干以密封袋或容器盛装，放进冰箱冷藏且尽快食用完毕。

· 粉姜及老姜只要没有切口，放置通风阴凉干燥处可保存一段时间。

· 由于一般家庭姜的用量不会太大，久置干掉或烂掉非常可惜，建议切片后装入密封袋或盒，收进冷冻柜保存，需要时再适量取用。

1 嫩姜宜挑选块茎饱满，尾端鳞片呈嫩粉红色，外观无损伤腐烂者。

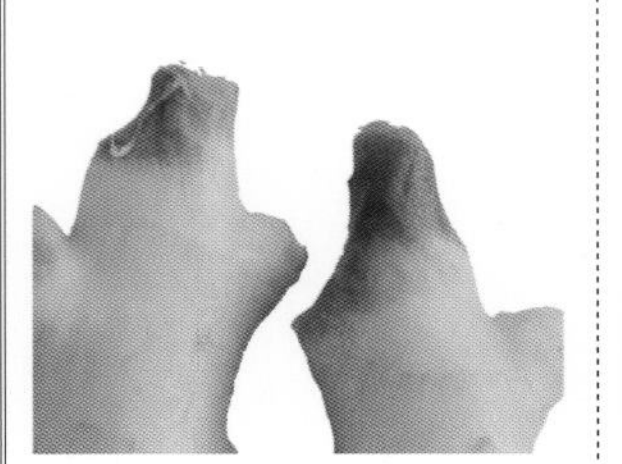

2 粉姜建议选择姜皮光滑、无损伤、无腐烂者。

3 老姜则要选择表面不枯皱、没有腐烂发霉者为佳。

Tips

葱姜酱最适合搭配白切鸡肉，葱姜碎可先和盐、鸡粉拌匀腌15分钟，会更加入味。

Tips

如果吃得比较清淡，可自行调整酱油比例，味道一样好。喜欢多点姜味，姜片切好后可用刀背拍一拍，帮助味道释出。

蘸酱 烧烤 海鲜 鱼肉 鸡肉 猪肉 牛肉 蔬菜 烤鹅 烤鸡 烤鸭

## A 姜汁烧肉酱

使用粉姜

### 材料

粉姜............. 30g
蒜头............. 15g
酱油............. 75mL
味醂............. 60mL
黄砂糖.......... 10g
米酒............. 30mL
水................. 90mL

### 如何保存

使用前适量制作即可。做好的酱室温可放 8 小时，冷藏 2–3 天。

### 做法

粉姜洗净切片，接着把全部材料放入锅里，煮开转小火续煮 10 分钟即可。

## B 葱姜酱

使用葱+嫩姜

### 材料

青葱............. 30g
嫩姜............. 15g
盐................. 2g
鸡粉............. 5g
香油............. 10mL
沙拉油.......... 75mL

### 如何保存

使用前适量制作即可。做好的酱室温下可放 8 小时。

### 做法

1 食材洗净，青葱、姜都切成碎，和盐、鸡粉一起拌匀，备用。
2 沙拉油和香油同时放入锅中加热，接着淋在葱姜碎里再次拌匀即可。

Tips

姜汁烧肉是经典的日式口味，喜欢吃辣者可在炒好的肉上撒七味粉，肉旁亦可摆点卷心菜丝或青葱丝，营养更均衡，配色更丰富！

# 姜汁烧牛五花

**材料**

牛五花肉片... 180g
姜汁烧肉酱 .. 120mL
洋葱............. 50g
熟白芝麻 ...... 3g
芝麻油.......... 15mL

**做法**

1 洋葱切丝备用，起锅放入芝麻油炒香洋葱丝，再下姜汁烧肉酱拌炒。
2 接着加入肉片，煮至汤汁收干时撒上白芝麻，盛盘即可。

丰富蒜素，味道狂野辛辣

Garlic

# 蒜头

各式烹调 腌渍 酱汁 药材

蒜头也称大蒜，我们食用的是鳞茎部位，其气味刺激、味道辛辣，新鲜蒜头较常见的有白蒜头与紫蒜头两种，至于最近时兴的黑蒜头，则是白蒜头发酵熟成获得的产物，少了呛辣刺激味，口感软软的，抗氧化效果优异。

蒜头去膜后受挤压破坏，会释出含硫化合物，叫作蒜素，多摄取蒜素可有效预防、缓解感冒症状，也能增强免疫力。

蒜头受层层外皮的包覆保护，使之维持良好的新鲜度，挑选时应避免发芽的蒜头，因为养分跟口感会稍差，还有表皮呈黄褐色或发霉，也是久放变质的警讯。

外观和蒜头相似，但表皮呈紫红色的还有红葱头，红葱头甘甜微辣，可提鲜除腥，切片油炸后会变成我们熟悉的油葱酥，是台式料理增香调味的好帮手。

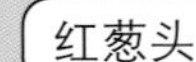
红葱头

## 〈 功能应用 〉

**爆香调味** 大蒜的使用方式非常多样化，常见炒菜时以油爆香蒜头，另外在煎、煮、炒、炸、卤时也都能广泛运用，让风味更丰富。

**去腥腌渍** 大蒜的强烈气味，可以消弭肉类的腥膻，因此腌肉时常加入拍碎的大蒜腌渍，包子馅、水饺馅也会添加葱蒜泥，有去腥并增添风味的效果。

## 〈 保存要诀 〉

• 通风干燥是保存大蒜的要点，春季新产的蒜含水量较高，可适度日晒并不时翻动，存放在通风干燥处；秋冬气温降低时，大蒜会开始发芽、变烂，这时要将大蒜保存在冰箱或炉台旁温度较高处，减缓发芽速度。

1 选购大蒜要掌握“膜亮、肉白、瓣硬、芽短、味淡”五大要点——膜净白油亮，表示大蒜已完全干燥，较成熟风味也佳；蒜肉白代表新鲜，拍碎后汁多味浓，也比较耐久放；蒜瓣越硬、芽越短，则是新鲜的象征。

2 大蒜组织受破坏后，才会产生大家熟悉的蒜味，若购买时已散发强烈蒜味，表示蒜瓣已受损无法久放，最好避免购买。

生吃辛呛，煮熟清甜的蔬菜皇后

# Onion 洋葱

炒 炸 煮 卤 炖 腌渍 做酱

洋葱是葱科葱属植物，平时食用的是它的鳞叶部位。洋葱是食材也是调味品，内含的大蒜素让它带有强烈、辛呛、刺激的气味，这股味道会刺激眼睛和鼻子，让人切洋葱时呛到眼泪直流。

虽然生洋葱味道辛辣，但料理加热后，呛辣气息大幅降低，转化成恰到好处的甘甜味及迷人香气，凉拌爽口、炖炒清甜，各有优点。同时，洋葱也拥有极佳的营养价值，富含膳食纤维、维生素 A、维生素 C、钾等，能降低血糖，预防胆固醇过高。

牛奶洋葱，适合炖煮与烧烤

红洋葱，适合做沙拉

小紫洋葱，适合腌渍与做沙拉

## 功能应用

**热炒爆香** 热炒时先加入洋葱爆香，待产生香气后再放肉类一同拌炒，爆香后的洋葱辛辣度降低，但仍保有甜脆的口感，可广泛运用在各式料理中。

**焦化洋葱** 焦化洋葱是西式料理经常使用的方法。长时间以小火加热慢炒，会促使内含的糖分分解释放，让洋葱呈现漂亮的金黄琥珀色外观，充分散发清甜香气与温润口感。

**制作洋葱酱** 洋葱切丝后，与蒜、姜的碎丁或泥混合（依喜好可加可不加），再煸香软化、适量调味，即可做出浓郁美味的洋葱酱，适合拌饭、拌面，或当作肉排、鱼排的佐餐酱。

## 保存要诀

・尚未使用的洋葱，可放置于室温通风处保存。

・若已经切开，则需以保鲜膜包覆或放入保鲜盒中，置于冰箱冷藏并尽快使用完毕。

1 选择硬实、外皮光滑、没有裂开或受伤缺陷的新鲜洋葱。

2 有时摊商为了方便消费者处理或料理，会贩售已剥皮的洋葱，但剥皮容易使洋葱的营养、鲜甜味流失，所以选购时还是选择带皮的完整洋葱较佳。

Tips

洋葱苹果酱适合搭配猪排跟鸡排，味道咸中有香甜，如果喜欢比较稠的酱，可用少量玉米粉勾芡。

Tips

如手边没有新鲜的巴西里，可用干燥的洋香菜，风味也很棒。大蒜奶油可推估平常的一次性分量分开卷包，想吃时适量取出，使用也方便。

蘸酱 烧烤 海鲜 鱼肉 鸡肉 猪肉 牛肉 面包 抹酱

# A 洋葱苹果酱

使用洋葱

## 材料

苹果............. 160g
洋葱............. 50g
苹果汁.......... 200mL
苹果醋.......... 30mL
芥末籽酱...... 30g
盐................. 2g
黑胡椒粉...... 2g
黑糖............. 15g
无盐奶油...... 15g

## 如何保存

使用前适量制作即可。做好的酱室温下可放 8 小时，冷藏 2–3 天。

## 做法

**1** 苹果削皮，和洋葱一起切成丁，备用。

**2** 起锅放入奶油，以中火炒洋葱、苹果丁，再加黑糖、苹果汁、苹果醋、芥末籽酱，转小火焖至苹果软。

**3** 最后放盐、黑胡椒粉调味即可。

蘸酱 烧烤 海鲜 鱼肉 鸡肉 猪肉 牛肉 蔬菜 吐司 面包

# B 大蒜奶油抹酱

使用蒜头

## 材料

有盐奶油...... 120g
蒜头............. 50g
红葱头.......... 20g
新鲜巴西里 .. 2g
白兰地酒...... 10mL

## 如何保存

可事先做好放起来，想吃随时取用。做好的酱室温下可放 15 分钟，冷藏 1–2 周，冷冻 2–3 个月。

## 做法

**1** 奶油切小块备用，室温软化至手指轻压会下陷的程度。

**2** 蒜头、红葱头、巴西里切碎，和软化的奶油拌匀，同时加入白兰地酒混合。

**3** 将混匀的大蒜奶油用保鲜膜卷起，放入冰箱冷藏或冷冻即可。

Tips

猪大里脊肉质比较有口感，小里脊比较软嫩，可依喜好自行选择。如不喜欢吃猪排可换成鸡排，肉的料理方式相同。

# 嫩煎猪排佐洋葱苹果酱

**材料**

猪里脊肉...............160g
白酒.......................30g
中筋面粉...............15g
盐...........................适量
白胡椒粉...............适量
洋葱苹果酱...........150g
无盐奶油...............15g

**做法**

1 把160克的猪里脊切成两片，肉排拍打过后，用盐、白胡椒粉、白酒腌渍约15分钟。

2 将猪里脊排正反面沾裹面粉，起锅放入奶油，以中火煎猪里脊排至两面上色拿起，再放入烤箱以180℃烤6分钟后盛盘。

4 烤猪排的同时，另将洋葱苹果酱加热，后续淋在猪排上即可。

# 酸香清新富维生素C，果肉果皮皆可运用

## Lemon 柠檬

腌渍 做酱 饮料

柠檬的果肉微涩，味道极酸，带有清新的香味，富含维生素C与柠檬酸，而当中的柠檬酸，正是形成鲜明酸味的关键。

柠檬的品种繁多，运用广泛，除可用于榨汁调配饮品外，也常在料理烹饪或甜点烘焙时使用。柠檬通常以运用果汁及柠檬皮为主，其果肉饱含果汁可以增加酸度，而果皮洗净磨下的碎屑，则能替食物增加香气，但果皮与果肉间的白色内果皮带有苦味，一般较少使用。

与柠檬相似，也在料理、烘焙或调制饮料时常运用到的就是莱姆了，莱姆与柠檬皆属于柑橘类，但品种并不相同，柠檬的果皮较厚、较粗糙，尝起来味道偏酸，而莱姆的皮薄且光滑、无籽，相比较滋味顺口不酸涩。

## 功能应用

**调制酱料** 柠檬汁可提供不同于醋的清香酸味，如果想要增加酸度，却不希望有醋的酸呛感，就可用柠檬汁替代，与其他食材搭配制成各式中西酱料，如柠檬蛋黄酱、柠檬奶油酱、泰式酸辣酱等。

**料理入菜** 柠檬也可以直接入菜，经加热烹调后，酸味与食材会更加融合，完整释放柠檬的香气，如清蒸柠檬鱼、香料柠檬鸡等，有时海鲜料理旁也会摆一块柠檬挤汁，除腥并增添风味。

**皮屑提味增香** 使用刨刀削下柠檬表面的皮屑，可用于烘焙和各式料理中，其香气能让风味层次提升。

## 保存要诀

· 未使用的整个柠檬，可放置于室内的阴凉通风处。

· 若已经切开，则需收入玻璃盒罐中密封且置于冰箱冷藏，并尽快使用完毕。

1 选购时应挑选表面光亮、绿中带黄者，果实的外形饱满硬挺，无破损或凹陷。

2 如需使用表皮，则应选择无毒或有机柠檬较为安心。

**Tips**

甜度可依个人喜好去调整，萝卜皮的部位腌过特别脆，有的人很喜欢脆口感，如不习惯可先削皮再制作。

# 柠檬腌萝卜

**材料**

白萝卜........... 1kg
柠檬汁.......... 90mL
盐.................. 5g
白醋.............. 100mL
白砂糖.......... 120g

**做法**

1 白萝卜洗净不去皮先切长条，再切成约 0.5 厘米的薄片。
2 盐和切好的白萝卜片混合抓匀，先腌 2–3 小时，上头可放重物压住，帮助萝卜脱水。
3 接着将萝卜水尽量倒出，萝卜片水分越少越好。
4 将白醋和砂糖放入锅内转小火煮至糖溶解，放凉后加入柠檬汁。
5 在玻璃罐或保鲜盒中放入白萝卜片并倒下酱汁，盖子盖紧放冰箱冷藏 1–2 天待入味即可。

香气特殊，全世界最普及的调味料

# Pepper
# 胡椒

炒 焗 腌渍 调味 做酱

胡椒有“香料之王”的称号，早期不被当作调味品而是药材，用于治疗腹痛、胃病、风寒等。由于当时胡椒取得不易，因此价格也不菲。在历史发展的过程里，胡椒影响了航海大发现及贸易、战争，如今，胡椒深刻融入饮食生活中，成为人们最常使用的香料。

胡椒果实完全成熟前，表面呈绿色，后续才慢慢转变成红色。绿胡椒摘下后经日晒或烘烤，会逐渐收缩呈黑色，成为我们常见的黑胡椒粒。其实白胡椒、红胡椒、绿胡椒等，都是指同一种果实，但因采收时机与处理方式不同，使外观有所差异。

黑胡椒香中带辣，运用最广也最频繁；绿胡椒辣味清新，常见于东南亚料理中；白胡椒较温和，多用于提味、添香、增加层次；红胡椒则带有微微的酸度，色泽亮丽适合摆盘装饰。

黑胡椒粒

彩色胡椒粒

## 功能应用

**腌渍食材** 胡椒磨成粉后，可用于腌渍肉类及海鲜，发挥去腥添香的功用。

**制作酱料** 胡椒也能与其他调味品一起搭配或制作酱料，例如胡椒盐、黑胡椒酱、蒜香奶油胡椒酱等。

**增香提味** 在各种食材或料理中加入胡椒，能增加风味与香气，常用于烹调蛋类、沙拉、肉类、海鲜、汤类、蔬菜，一丁点就有画龙点睛的效果，香气开胃。

## 保存要诀

· 不同颜色的胡椒不仅风味各异，而且颗粒、碎粒、粉状等不同形态也有不同用途，可依料理需求和使用习惯选择。

· 新鲜胡椒的香气浓郁有些刺激，购买前请先查看成分标示，了解有无添加物，亦可购买胡椒原粒，每次使用前适量现磨，更香更新鲜。

1 新鲜的生胡椒颗粒水分较多，应收入冰箱冷藏，并尽快食用完毕。

2 一般干燥的罐装胡椒应将瓶盖锁紧，散装胡椒则倒入密封罐内，皆置于阴凉通风处保存，避免受潮。

**Tips**

泰国虾的个头大、肉质结实，几乎皆为人工淡水养殖，烹调时务必煮熟。

# 香辣胡椒虾

**材料**

泰国虾.......... 250g
白胡椒粉...... 10g
黑胡椒粉...... 5g
花椒粉.......... 5g
盐.................. 5g
米酒............. 125mL
无盐奶油...... 15g

**做法**

1 泰国虾洗净，先把须剪掉、脚剪短，另将白胡椒粉、黑胡椒粉、花椒粉、盐、米酒拌在一起。
2 起锅放入奶油拌炒虾子，再放入酱汁继续拌炒均匀，加盖焖至水分收干即可。

## 山林里的黑珍珠——“马告”

马告即为山胡椒，又名山鸡椒、山椒子、山姜子等，是中国台湾的原生植物。“马告”来自泰雅族语，其意为充满生机。虽然马告的外观跟黑胡椒十分相似，但味道却大不相同，散发着清新的柠檬香气，辛辣中又带点姜的气味，是中国台湾少数民族热爱的传统香料，人们也常用它来搭配肉类或煮汤，滋味清爽鲜香。

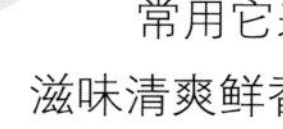

可制作料理，亦可药用，全株植物皆能食用

# Coriander
# 香菜

装饰 调味 煮汤 做酱

香菜

香菜又称芫荽、胡荽，原产于地中海地区，其香味浓厚且特殊，点缀料理时，常被视为最抢戏的配角，散发的特殊香气与所含的醛类物质有关，人们对它的喜好、接受度十分不同。

香菜的营养价值高，富维生素和矿物质，梗、叶、籽各部位皆能食用，香菜的叶与梗常作为调味料，新鲜的香菜叶翠绿软嫩，经高温加热会减弱味道。如果喜欢香菜的风味则可选择生吃，或在料理起锅前撒一些点缀增味。

黄棕色的香菜籽（coriander seeds），晒干后可当香料使用，保存时间较长。早期欧洲人惯以香菜籽掩盖肉品的不良气味，或加入料理与调酒中。

香菜籽

## 〈 功能应用 〉

**剁碎做酱** 香菜切碎后，可与其他调味料及食材制作酱料，例如加酪梨（牛油果）、番茄、洋葱、一点柠檬汁，就是酪梨莎莎酱；而跟蒜泥、鱼露、柠檬汁混合，便成了泰式风味的基底酱料。

**增香提味** 香菜叶常用于料理完成后的提香，洗净后直接撕碎或切碎撒上，嫩梗则可与肉类或海鲜一起热炒，如家常美食“香根牛肉”就是使用香菜的根梗，在炖汤时加入增添香气也非常好用。

## 〈 保存要诀 〉

· 用白报纸或牛皮纸将新鲜香菜卷起后收入冰箱，约可存放 3–5 天。

· 香菜籽可收入密封罐中保存，置于室内阴凉通风处。

Check!

**挑选技巧**

1 挑选新鲜香菜时，应选择色泽翠绿、挺直饱满、叶子完好不软烂的，如有腐烂或腥臭味则应避免购买。

2 香菜籽多磨成粉使用，但磨粉后挥发氧化会使香气变淡，因此可购买整粒的香菜籽，食用前再研磨即可。

# 香菜青酱

蘸酱 烧烤 海鲜 鱼肉 鸡肉 猪肉 牛肉 蔬菜 面包 面饭

## 材料

香菜叶.......... 45g
蒜头............. 10g
松子............. 15g
橄榄油.......... 80mL
盐................. 适量
白胡椒粉...... 适量

## 如何保存

使用前适量制作即可。做好的酱室温下可放 2–3 小时，冷藏 2–3 天。

## 做法

1 香菜叶洗净擦干，备用。
2 准备果汁机或料理机，把香菜、蒜头、松子放入，再慢慢加橄榄油打成泥，最后加入盐、白胡椒粉调味即可。

Tips

除了罗勒外，香菜也很适合制作青酱，香气十分特别，喜好芝士味者，在步骤 2 可自行加入芝士粉一起搅打成青酱。

专栏

## 〈多变化的牛排搭配〉

# 原味牛排

**材料**

翼板牛排......220g
湖盐..............适量
黑胡椒碎......适量
橄榄油..........15mL
无盐奶油......15g
新鲜百里香..1支

**做法**

1 牛排先用盐、黑胡椒碎调味。
2 起锅以大火烧热锅子，先放入橄榄油，再放牛排煎至两面上色。
3 放入奶油、百里香，用汤匙把奶油回淋到牛排两面，煎至喜欢的熟度即可。

Tips

翼板牛排是牛的肩胛骨部位，而肋眼牛排为台湾人熟悉的沙朗牛排，肉质嫩度仅次于菲力，菲力则是牛的腰内肉，也是牛全身上下肉质最嫩的地方，依喜好的口感选择部位烹调。

## 专栏

# 〈 多变化的牛排搭配 〉

## 红酒牛排酱

**[ 材料 ]**

牛高汤　200mL
红酒　250mL
橄榄油　15mL
无盐奶油　20g
紫洋葱　80g
中筋面粉　15g
黑胡椒粗碎　适量

**如何保存**

可事先做好放起来，想吃随时取用。做好的酱室温下可放 8 小时，冷藏 2–3 周，冷冻 5–6 个月。

**Tips**

拿一支汤匙蘸一下酱汁，然后汤匙转到背面用手指划条横线，如果留下明显的痕迹，即达到酱汁最佳的稠度。

**[ 做法 ]**

1 紫洋葱切碎，起锅放入橄榄油、奶油，以中火炒香紫洋葱碎。

2 放入面粉一起拌匀，再加红酒烧煮，接着加牛高汤转小火煮至变稠，关火过滤后再放黑胡椒碎即可。

**[ 材料 ]**

洋葱　80g
蒜头　10g
味醂　45mL
淡酱油　45mL
水　60mL
清酒　15mL

**如何保存**

使用前适量制作即可。做好的酱室温下可放 2–3 小时，冷藏 2–3 天。

**[ 做法 ]**

1 洋葱、蒜头切成末，和味醂、淡酱油、水、清酒全部混合。

2 入锅煮开转小火，慢慢煮至洋葱变透明，此时洋葱的辛辣会转为甜味，煮至酱汁浓缩剩一半即可。

## 黑胡椒牛排酱

Tips
黑胡椒碎可先用干锅略微拌炒或用烤箱烘烤，香味才会出来。

[ 材料 ]

牛高汤　250mL
沙拉油　10mL
无盐奶油　15g
液态奶油　30mL
梅林辣酱油　20mL
番茄糊　15g
洋葱　80g
蒜头　15g
黑胡椒碎　35g
培根　20g
中筋面粉　20g
盐　适量
白兰地酒　15mL

**如何保存**

可事先做好放起来，想吃随时取用。做好的酱室温下可放 8 小时，冷藏 2–3 周，冷冻 5–6 个月。

[ 做法 ]

1 洋葱、蒜头、培根都切碎，黑胡椒碎干锅炒出香味，备用。
2 起锅放入沙拉油、奶油，炒香培根、蒜头、洋葱碎，再加黑胡椒碎拌炒。
3 接着把番茄糊、面粉放入混合，再加白兰地酒煮至酒精挥发。
4 倒下牛高汤，用搅拌器拌匀，加入梅林辣酱油转小火慢慢煮至变稠，最后放鲜奶油煮开即可。

## 和风洋葱牛排酱

Tips
也可用料理机把洋葱、蒜头打成泥，煮出来的酱汁口感会更细腻。

# Star Anise
# 八角

卤 炖 红烧 腌制 饮料 入药

## 带山楂和甘草味，卤肉必备的香气来源

八角原产于中国南部及越南，顾名思义，果实拥有八个如星芒般的尖角，别名为八角茴香或大茴香。干燥后的八角，色泽近深褐色或深红色，闻起来独特辛香味浓厚，带点山楂和甘草气息，中医认为其药性温热，具散寒、理气、舒缓疼痛之效，入药与烹饪皆有悠久的历史。

八角最常用于腌渍及炖、卤，因甜味和甘草类似，有时会当作甘草的替代品，成为料理或烘焙的甜味来源。特别需要注意的是，另有一种植物果实“日本莽草”，跟八角长相非常相近，但莽草的叶与果实有毒不能食用，简易的辨别法是：八角的体形饱满，一般有8个角（视大小有6-9个角的差别），而莽草至少有10个角（或11-13个角），千万不要弄错。

## 功能应用

**增添风味** 五香粉的材料包括八角、白胡椒、丁香、小茴香籽及肉桂，各家品牌略有差异，这款复方香料可腌肉、蒸肉，最常在卤、炖时加入，滋味辛香又甘甜。八角用量不大，不论卤、炖或红烧，一两粒就足以增添风味。

**去腥减膻** 许多肉类、海鲜料理，尤其以红烧、炖卤的方式烹饪而成的菜肴，都可见到八角的踪迹，以独特辛香味发挥去腥、提香、增味的功用。

**甜味香气** 八角的甜味与甘草相似，有时会拿来当作料理的甜味来源，部分烘焙甜点及饮品也会运用八角。

## 保存要诀

· 八角属于干燥类辛香料，通常购买前皆已经过干燥处理，原则上只要保持干燥，避免受潮或发霉即可。若放进干净的密封袋、密封罐或保鲜盒内再置于冷藏室，可存放两年左右。

· 八角研磨成粉则可储放半年至一年。若使用时发现受潮或发霉，则丢弃不用。

个头大、饱满的八角香气较浓厚，个头小或破碎不全的则味道较淡、品质略差，建议选购形状完整的八角。

个头大的八角气味香浓

状似钉子，咸甜料理皆宜

# Clove
# 丁香

卤 炖 红烧 腌制 酱汁 饮料 甜点 药材

丁香在香料中非常特别，是唯一使用到花蕾部分的香料，具有强烈的香气与味道，咸甜料理都适合用。

丁香的香味浓郁，被称为“香气最浓的香料”，常用于肉类料理，尤其与鸭肉、牛肉等浓厚风味的肉类相当合拍。除了适合味道浓厚的肉类料理，由于丁香具有丰厚的香甜气息，也常应用在烘焙、饮品或者甜点中。

## 功能应用

**去除肉腥** 常使用在肉类的炖煮料理中，可增添香气、去除肉腥味。丁香磨成粉揉入绞肉里，也同样有极佳的除腥增香效果，更能突显料理的风味层次。

**增香添味** 丁香干燥后磨成丁香粉，印度家庭常将之和肉豆蔻、肉桂等综合辛香料混合，添加在各式料理中，浓厚的香气让人胃口大开。

**甜点饮品** 丁香具馥郁的香甜气息，也常应用在烘焙、饮品或甜点上，适合搭配葡萄酒、水果、巧克力，也普遍使用在腌渍食品、制作蜜饯或酿酒制茶中。

选购形体完整、鲜紫棕色、粗壮、香气强烈的整颗丁香为佳，磨粉后香味较易散失、保存不易。

## 保存要诀

· 干燥丁香颗粒可置于密封容器保存，密封袋、玻璃罐或保鲜盒皆可，只要隔绝空气并避免日光直射和受潮，应可保存一年左右。

· 丁香粉较易散失香味，除了密封且避免日晒、受潮外，应尽快使用完毕。

Tips

如果想让味道更好，中药材可用干锅先炒过，香气更棒。

Tips

丁香是药材亦是香料，可为肉类去腥，常在卤汁中添加。这道酱因为是烤肉涂酱，所以煮得越浓稠越容易沾附在食材表面。

## A 台式香卤汁
使用八角

卤肉 卤豆干 卤蛋 鱼肉 鸡肉 猪肉 牛肉 蔬菜 饭面

**材料**

青葱............. 50g
老姜............. 120g
酱油............. 150mL
米酒............. 200mL
白砂糖.......... 80g
水................. 1.5L
蔬菜油.......... 15mL

**卤包袋**

草果............. 3 粒
小茴香.......... 2g
花椒............. 3g
甘草............. 3g
八角............. 2g
丁香............. 2g
卤包棉袋...... 1 个

**如何保存**

可事先做好放起来，想吃随时取用。做好的卤汁室温下可放 8 小时，冷藏 2–3 周，冷冻 5–6 个月。

**做法**

1 青葱切段、姜拍扁，另将所有香料和中药材放入卤包袋绑起。
2 起锅放入蔬菜油爆香姜、青葱，再放砂糖、米酒、酱油煮开后加水，接着放卤包袋煮开转小火即可。

## B 丁香烧肉酱
使用丁香

沙拉 烧烤 海鲜 鱼肉 鸡肉 猪肉 牛肉 蔬菜 饭面 鸡蛋

**材料**

丁香............. 5g
苹果............. 80g
水梨............. 80g
柠檬汁.......... 30mL
洋葱............. 60g
白酒............. 50mL
番茄糊.......... 50g
黑糖............. 60g

**做法**

1 食材洗净，苹果、梨子去皮切块，洋葱切块用果汁机打成泥，全放锅里。
2 整锅加热并放白酒、丁香、黑糖、番茄糊搅拌均匀，慢火煮至稠状。
3 最后加柠檬汁拌匀，挑掉丁香放冷即可使用。

**如何保存**

可事先做好放起来，想吃随时取用。做好的酱室温下可放 8 小时，冷藏 2–3 周。

# Cinnamon
# 肉桂

卤 炖 烘焙 饮料 入药

## 香甜浓郁，微微辛呛，活血又健胃

肉桂为樟科树木的干燥树皮，本身散发浓郁辛香的气息，盛产于斯里兰卡、印度、印尼、中国大陆和台湾等，因各地风土与生长条件差异，产生不一样的辛香程度，例如锡兰栽植的肉桂，就以香甜浓郁的气息广受喜爱。

我们平时所见的肉桂棒，是由肉桂树皮晒干卷成条状制成，另有研磨而成的肉桂粉，还有块状的肉桂片，市面上以棒状跟粉状较容易购得，也最被广泛运用。由于肉桂散发温暖的甜香，在欧美，常在烤焙甜点或炖煮水果时派上用场，搭配其他香料还能煮成暖呼呼的热红酒；在亚洲，肉桂则广泛运用于肉类烹调中。

与肉桂相似，东方常使用的还有桂皮，桂皮质地较厚且粗糙，因外观和味道皆与肉桂接近，所以两者常被混用，都具有暖身祛寒、温经止痛之效。

## 功能应用

**炖煮增味** 肉桂适合炖煮料理或熬汤，加热后味道释放到料理中，温润又浓郁。

**卤包香料** 台式卤包的常用配方为肉桂、八角、小茴香、花椒与丁香，卤肉或炖煮料理时，含肉桂的卤包配方属性辛温，既能减少肉膻味，又能增添风味。

**烘焙饮品** 烘焙甜点、调制饮品时，肉桂也是常见的提味成分之一，不论是肉桂卷、苹果派、姜饼，或是印度奶茶、卡布奇诺等，都因加了肉桂更显香浓、美味。

## 保存要诀

· 为了防止产生油哈喇味，减缓香气散失并避免虫蛀，肉桂棒与肉桂粉应置于密封容器中，保存在避免阳光直射的阴凉干燥处，以免受潮、变质。

1 购买肉桂棒时，建议挑选手感较沉重、质地较坚硬、香气浓厚且带点油润感的。

2 肉桂粉的运用范围更广，但一磨成粉后与空气接触面积大，会加速香气散失，所以每次少量购买较好。

**Tips**

猪肋排可先稍微腌渍一下，或者反复多刷几次酱汁才会入味。

# 肉桂烧烤猪肋排

材料

| | | | |
|---|---|---|---|
| 猪肋排 | 350g | 黑胡椒粒 | 6粒 |
| 洋葱 | 60g | 水 | 1L |
| 胡萝卜 | 60g | 盐 | 5g |
| 西芹 | 60g | 肉桂烧烤酱 | 60mL |
| 月桂叶 | 2片 | （酱的做法请参考 P.332） | |

做法

1 将洋葱、胡萝卜、西芹洗净切块，和水、月桂叶、黑胡椒粒、盐和猪肋排一起放入锅里煮，煮约45分钟夹起，猪肋排和蔬菜分开。

2 肋排用刷子涂上烤酱，送入烤箱以200℃烘烤，肋排不定时拿出补刷酱汁，烤至上色熟透。

3 取一大盘，把肋排、蔬菜一并摆放盛盘即可。

# 香麻带劲，麻辣口味的幕后功臣

## Sichuan Peppercorn

# 花椒

卤 炖 煮 炒 炸 入药

花椒又名大椒、川椒、蜀椒，以“麻”的口感闻名，用香辣滋味给人们留下深刻的印象。常见的红色花椒，依颗粒大小区分成大红袍与小红袍，大红袍味道香、麻味温和；小红袍相对较辣，麻味略淡。此外，还有绿色的青花椒麻味辛呛十足，最常出现在川式料理中。

从中医的角度看，花椒味辛性热，可温中散寒、祛湿止痛。在中国，花椒属的植物如贡椒、青花椒、藤椒等品种众多，经验老到的川菜师傅甚至会同时混用两三种椒烹煮，帮助料理展现深刻的韵味。在中国台湾，运用的品种以红花椒最为普遍。花椒虽麻，但因为属于香料的一种，所以香气也独到出众，烹煮肉类、海鲜时，就是去腥添香的好帮手。

## 〈 功能应用 〉

**调味除膻** 利用煸炒或油炸的方法，最能释放花椒的麻味，调味的同时增添香麻感，去除肉膻味，让人食欲倍增。

**制作香料粉** 花椒磨成粉，可与其他辛香料调配出“五香”或“十三香”调味粉，也常加在卤味里提供清香麻辣的口感。

**炼花椒油** 花椒油有两种做法，一是将花椒、麻椒及少许八角浸入热油同煮；二是将热油冲入干式辛香料中浸泡，冷却后便成了香气与口感俱佳的花椒油。两种方法做成的花椒油热炒凉拌皆好用。

## 〈 保存要诀 〉

· 为免花椒受潮，请勿长时间日光直射或曝露在空气中，以免香气变淡或变质。

· 最好的保存方式是利用密封袋、密封盒罐盛装，置于室内通风阴凉处；若收入冰箱冷藏反而容易受潮，建议冷冻可保存更久一点。

1 品质佳的花椒颜色紫红，较鲜艳且有光泽，能呈现较浓的香味与麻感；次一级则是暗红、暗绿或黑色的花椒，因放置时间较久，辣感和香气稍差。

2 保存不当的花椒，受潮会产生白膜，购买前请多留意。

# A 麻婆豆腐酱 使用花椒

豆腐 烧烤 海鲜 鱼肉 鸡肉 猪肉 牛肉 蔬菜 饭面 鸡蛋

## 材料

花椒粒.......... 15g
猪绞肉.......... 300g
蒜头.............. 15g
辣椒.............. 15g
酱油.............. 10mL
辣豆瓣酱...... 15g
香油.............. 10mL
白砂糖.......... 5g
盐.................. 适量
水.................. 250mL
太白粉.......... 5g
蔬菜油.......... 15g

## 如何保存

使用前适量制作即可。做好的酱室温下可放 8 小时，冷藏 2–3 周。

## 做法

1 蒜头、辣椒切碎，备用。
2 起锅放入蔬菜油，先加花椒炒香，再将花椒捞起，留下花椒油。
3 原锅放入猪绞肉拌炒至肉熟，再加蒜头、辣椒碎、辣豆瓣酱、酱油、砂糖、水，煮开后转小火慢慢煮出味道，接着以盐调味，太白粉勾芡，最后淋上香油即可。

# B 肉桂烧烤酱 使用肉桂

沙拉 烧烤 海鲜 鱼肉 鸡肉 猪肉 牛肉 蔬菜 饭面 鸡蛋

## 材料

肉桂粉.......... 5g
姜粉.............. 3g
茴香粉.......... 2g
甜椒粉.......... 2g
番茄酱.......... 200mL
苹果醋.......... 60mL
红糖.............. 30g
橄榄油.......... 50mL

## 如何保存

可事先做好放起来，想吃随时取用。做好的酱室温下可放 8 小时，冷藏 2–3 周。

## 做法

所有的材料混合拌匀即可。

Tips

可依个人喜好酌量调整配方比例。肉桂为中西方皆爱用的经典香料，能替肉类增香提味，同时适用于料理咸食和甜食。

Tips

麻婆豆腐香辣下饭，喜好吃辣者，可把辣椒换成干辣椒，辣味更足。

# Fermented Black Soybean
# 豆豉

炒 煮 蒸 腌制 酱汁 入药

## 豆类腌渍发酵而成，豆香咸甘

据说中国人吃豆豉的历史，大约等同于酱油的发展史，人们将制酱剩下的豆粒称为“豆豉”。豆豉也称荫豉、盐豉，是一种发酵产品，主原料是黄豆或黑豆，分干豆豉与湿豆豉，保留了颗粒口感和咸甘气味，广泛运用于料理之中。

豆豉独特的豆香可以促进食欲，中医也将豆豉入药，认为豆豉性平、味甘微苦，风寒感冒时，吃些属性温热的葱白豆豉粥等药食，能帮助体内寒气发散。

平时料理以黑豆豉最为常见，但白豆豉也是传统的好滋味，老一辈自制的凤梨豆豉酱，以盐、糖、甘草腌渍凤梨块和干白豆豉，做出的凤梨豆酱结合豆豉的咸鲜与水果的甜香，常用于蒸鱼或熬煮鸡汤，绝妙的古早味令人难忘。

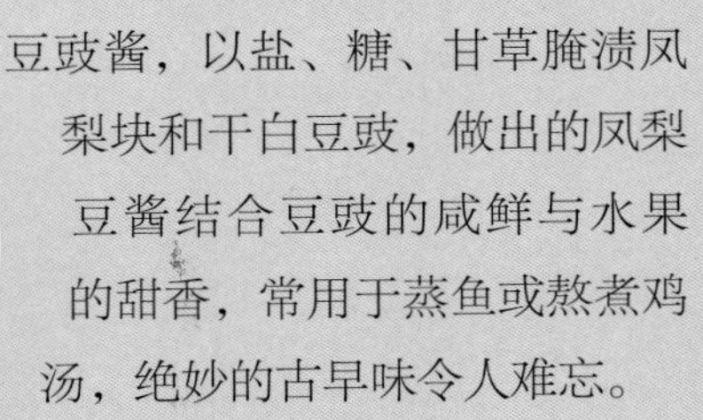

## 功能应用

**调味增香** 豆豉为黑豆或黄豆发酵而成，不论湿豆豉还是干豆豉，都带有发酵后特殊的豆香与咸味，能替料理带来甘甜咸香，赋予更深刻的风味。

**去腥除膻** 豆豉适用于蒸、炒、拌，特殊香气能调和海鲜的腥臭及肉类的膻味，料理时利用豆豉的咸香引出鱼与肉的甘甜，同时去腥除膻，受欢迎的经典菜有豆豉蒸鱼、豆豉鲜蚵、豆豉排骨等。

**蘸酱酱汁** 除了在烹煮料理时扮演调味要角，豆豉也可制作酱料直接蘸食，如豆豉辣椒酱、蒜蓉豆豉酱。

## 保存要诀

- 不论是干豆豉还是湿豆豉，都得留意不要受潮以免发霉。请以干燥、干净的餐具取用或直接倒出，避免水分及异物污染变质。
- 将豆豉收在密封袋或瓶罐器皿内，避免与空气直接接触，并置于冰箱内冷藏，较不易变质。

Check!

**挑选技巧**

挑选时以颗粒完整饱满为佳，闻起来应该散发酱香而没有霉臭味，如可品尝应了解是否咸淡适中，并留意有无变质或发霉的情况。

Tips

如果喜欢吃辣，可另将适量朝天椒剁碎，在步骤 2 时跟蒜蓉一起加入拌炒，豆豉酱就会变得又香又辣。

# 蒜蓉豆豉酱

蘸酱 羊肉 海鲜 鱼肉 鸡肉 猪肉 牛肉 蔬菜 面包 面饭

## 材料

干黑豆豉...... 120g
蒜头............. 20g
蔬菜油.......... 90mL
白砂糖.......... 15g
盐................. 5g

## 如何保存

可事先做好放起来，想吃随时取用。做好的酱室温下可放置 1 周，冷藏 1–2 个月。

## 做法

1 蒜头去皮，用料理机打成蒜蓉，豆豉泡水后滤干水分，可用纸巾稍微擦干。
2 起锅加入蔬菜油，用小火炒豆豉至散发香味，再加入蒜蓉、盐、白砂糖。
3 拌炒至蒜蓉散发香味，关火放冷即可装罐。

芳香气味浓烈，料理入药历史悠久

# Cumin 孜然

烤 炖煮 腌制 饮料 烘焙 药材

孜然又名小茴香、阿拉伯茴香，不论是新疆的烤羊肉、土耳其的烤肉串，或者印度的鸡、羊料理，甚至在西班牙、法国等地，都常见用孜然调味的美味佳肴。

孜然的气味浓烈，遇上高温更会释放香气，除了烤肉前以孜然粉腌渍肉类，烧烤时直接撒上也会更入味，还很适合煎、炸、炒等烹调方式。若是使用孜然颗粒，可先以油煸炒让香气进入油中，倘若是褐色的孜然粉，炒煮时可替代其他调味料，为菜肴带来清爽天然的鲜味。

孜然本身具有杀菌防腐的功用，中医认为，孜然的性味辛温，具温中暖脾、祛寒开胃之效，但体质容易上火者，食用时切勿过量。

## 功能应用

**去膻增香** 孜然具强烈的香气及些微辛辣的口感，能消弭肉类腥膻味，香气浓郁独特，还能去油解腻促进食欲。

**综合香料** 孜然是印度综合香料的主要成分之一，也是坦都里烤鸡不可或缺的调味，印度料理常出现的辛辣香气，就是来自孜然粉与胡荽粉。

**烘焙饮品** 喜爱运用香料调味的国家，几乎都常将孜然运用在面包、烤饼、调味汁、佐料、烧烤或炖煮料理上，有时也会制成饮品，如印度香料奶茶。

## 保存要诀

· 颗粒状的孜然籽请收入密封容器内，避免阳光直射、受潮发霉，室内常温存放即可，也可收入冰箱冷藏延长保存时间。

· 由于粉状孜然的香气容易散失，开封后建议尽早使用完毕。

1 新鲜孜然的种子很硬，不易研磨，建议一次不要购买太多，挑选时注意，颜色偏绿者较为新鲜。

2 若手边没有研磨器具，也可挑选已干燥碾碎的孜然粉，运用范围更广。

孜然粉

香气迷人，热炒三杯料理都能派上用场

Basil

# 九层塔

炒 煎 炸 腌渍

九层塔为罗勒的品种之一，叶与花皆可食，因花朵如塔状层层堆叠，因此获得“九层塔”的称号。在广东地区，九层塔被称为金不换，以特殊、些微刺激的浓厚香气让人大呼过瘾。

九层塔含维生素A、维生素B群、维生素C、矿物质，能提升免疫力，帮助改善鼻窦炎、支气管炎；而从中医的角度，也认为九层塔味辛性温，具疏风解表、祛湿活血之效。

罗勒是一个品种多元的大家族，有甜罗勒、柠檬罗勒、圣罗勒等。九层塔虽属其中的一员，被台湾人广泛运用在料理中，但若要煮大家所熟悉的青酱意大利面，使用的其实是味道淡而不涩、叶形圆胖、色泽青翠的甜罗勒，而不是叶形细长、口感较涩、气味偏重的九层塔哦！

## 〈 功能应用 〉

**增香提味** 九层塔香气特殊，可加入羹汤或与食材一同油炸，少许就能提味增香，如茄子、豆腐等味道较平淡的食材，和九层塔共煮也会丰富味觉与香气。

**去腥提鲜** 许多海鲜、虾蟹贝类料理，如炒海瓜子、炒鱿鱼等，起锅前会加些九层塔，借浓厚香气去除水产腥味，让鲜香味倍增。

**料理入菜** 不论是切碎后与蛋液混合，煎出香喷喷的九层塔炒蛋，还是起锅前撒下一把九层塔拌炒的三杯鸡，九层塔与食材搭配都很融洽，一举掳获老饕的心。

## 〈 保存要诀 〉

· 新鲜的九层塔不耐久放，建议尽早食用完毕。

· 若自己栽植，整株九层塔剪下后可插在水里摘叶子使用，延长保存时间。

· 先将九层塔擦干，再以白报纸或牛皮纸包起，收入塑料袋或保鲜盒密封，置于冰箱冷藏可保存约一周。

1 九层塔以新鲜为佳，若只是偶尔点缀替料理增味，在阳台栽一小盆随时取用就很方便了。

2 市场上常见的九层塔以袋装贩售，选购时不妨留意是否已萎软发黑，较不新鲜的请避免选购。

Tips

九层塔叶先以热水烫过，取出泡冷水并滤干水分再去打泥，这样可保持颜色的翠绿。

Tips

孜然又名小茴香，风味独特，常用于增香调味，也很适合替烧烤肉类增加香气，可依个人喜好酌量调整用料配方，不仅香气十足还有些微的颗粒口感。

热炒 烧烤 腌渍 羊肉 鸡肉 猪肉 牛肉 蔬菜 饭面 菇类 鸡蛋

## A 孜然烧烤酱

使用孜然

### 材料

孜然粉..........40g

红辣椒粉......20g

白砂糖..........15g

米酒.............20mL

盐.................10g

白胡椒粉......15g

蔬菜油..........50mL

白芝麻..........10g

### 如何保存

可事先做好放起来，想吃随时取用。做好的酱室温下可放置 1 周，冷藏 1–2 周。

### 做法

将所有材料混合均匀，搅拌至粉类散开不结块即可。

蘸酱 火锅 海鲜 鱼肉 鸡肉 猪肉 牛肉 生菜 饭面 鸡蛋

## B 九层塔沙拉酱

使用九层塔

### 材料

九层塔叶......150g

美乃滋..........100g

盐.................适量

白胡椒粉......适量

凉开水..........15mL

### 如何保存

使用前适量制作即可。做好的酱室温下可放置 1–2 小时，冷藏 1 周。

### 做法

将九层塔叶加点凉开水打成泥，再加入美乃滋、盐、白胡椒粉继续打成酱汁即可。

# 专栏

## 〈 有了它们，蒸鱼味道更鲜美 〉

清爽口味

### 破布子酱

**[ 材料 ]**

破布子（含汤汁） 15g
米酒 15mL
酱油 5mL
香油 10mL
老姜 5g
青葱 10g

**如何保存**

做好的酱室温下可放置 8 小时、冷藏 1 周，蒸鱼前淋在鱼上即可。

**[ 做法 ]**

将青葱和姜切成丝，和破布子、米酒、酱油、香油拌匀即可。

**Tips**

破布子为树木的果实，腌渍后可用于炒、煲汤、制酱等烹调用途，市售破布子多为玻璃罐装，在超市或杂货店可购买到，货架上常和酱瓜类摆在一起。

酸辣口味

## 酸辣葱香酱

**[ 材料 ]**

红辣椒 15g
红椒 10g
青葱 10g
老姜 5g
蒜头 5g
香油 10g
白醋 15mL
盐 适量
白胡椒粉 适量

**如何保存**

做好的酱室温下可放置 8 小时、冷藏 1 周，蒸鱼前淋在鱼上即可。

**[ 做法 ]**

将红辣椒、红椒去籽，和青葱、姜、蒜头都切碎，再和香油、白醋、盐、白胡椒粉拌匀即可。

**Tips**

比起泰式柠檬鱼的酸辣味十足，这道中式的酸辣葱香蒸鱼，口味比较温和，如果喜欢吃辣，可将辣椒改成朝天椒。

甘甜口味

## 腌冬瓜酱

**[ 材料 ]**

腌冬瓜 20g
老姜 5g
辣椒 5g
水 60mL
白砂糖 5g
香油 15mL

**如何保存**

做好的酱室温下可放置 8 小时、冷藏 1 周，蒸鱼前淋在鱼上即可。

**[ 做法 ]**

腌冬瓜先捣成泥，辣椒去籽和姜一起切碎，再放水、白砂糖、香油混合均匀即可。

**Tips**

配方比例可依个人喜好酌量调整。古早味的腌冬瓜，以冬瓜、荫油、冰糖等原料腌渍而成，滋味咸甜甘，不只可以拿来蒸鱼，也很适合炖煮鸡汤。

# Lemon Grass
# 香茅

腌渍 去腥 炖煮

散发柠檬香气，经典的南洋风味

香茅又名柠檬香茅、柠檬草，盛产于东南亚、印度、中国、印尼等地，外形窄长似棒状，全草均可使用。

香茅以运用叶和基部嫩茎秆为主，因带有柠檬香气，应用极为广泛，从甜点、饮料再到料理，成为南洋风味的极大特色，常与蒜头、辣椒、胡荽搭配烹煮海鲜，各式咖喱也少不了用它添香。

也因为气味清爽宜人，人们也常拿香茅来调配花草茶饮，如柠檬香茅加马鞭草、菩提叶、薄荷，就是舒缓情绪的花草茶。香茅的香气浓郁，经提炼还能萃取出精油运用在生活里，可泡澡、薰香、驱蚊虫，有抑菌、消肿、止痒的功效。

新鲜香茅

干燥香茅

## 功能应用

**南洋料理** 香茅清爽的气味是料理肉类、鱼类的最佳香料选择，还能熬煮成火锅汤底，或制作香茅烤鱼等菜肴，几乎与所有南洋香料百搭不腻，清新的气味有画龙点睛之效。

**调制饮料** 新鲜或干燥的香茅叶片与茎秆，均具有浓郁的柠檬香味，可替代柠檬调制成清新爽口的柠檬香茅水饮用，或制作花草茶、点心。

## 保存要诀

· 新鲜的香茅茎秆，请装入密封袋或密封盒，收进冰箱冷藏保存；若一次购买的量较大，也可放入冷冻室延长保存期限。

· 干燥的香茅香料，以制成片状或丝状居多，请装入密封罐内，置于阳光不会直射的阴凉干燥处。

1 新鲜香茅请选择香气浓郁、外表无外伤或腐烂者，根茎部要白白胖胖的，这种最适合做料理。

2 部分大型百货超市有贩卖速冻香茅丝的，买来可收在冷冻库中随时取用，十分便利。

# 酸辣海鲜汤

## 材料

鲜虾............. 6 只
蛤蜊............. 10 个
透抽............. 80g
新鲜香茅...... 1 支
红辣椒.......... 10g
小番茄.......... 6 粒
香菜............. 5g
红咖喱糊...... 15mL
水................. 250mL
柠檬叶.......... 2 片
鱼露............. 10mL
柠檬汁.......... 15mL

## 做法

1 鲜虾剥去头和壳，留着备用。食材洗净，透抽切圈、新鲜香茅切段、红辣椒斜切、香菜叶和根分开、小番茄对剖。

2 起锅放入虾头和壳，不放油干炒出虾的香气，再倒水煮开后转小火继续煮约 15 分钟过滤成虾汤。

3 另取一锅放入虾汤、香菜根、香茅、柠檬叶煮约 5 分钟后，放入红咖喱糊搅拌均匀，再加透抽圈、蛤蜊、去除头壳的鲜虾，煮开后放小番茄、红辣椒、鱼露，最后倒下柠檬汁即可盛碗，上头放几片香菜叶即可。

**Tips**

酸辣海鲜汤即为冬阴功汤（tom yum gung），是泰国餐馆中最受欢迎的料理之一，汤里通常有虾、透抽、草菇等配料，亦可依个人喜好酌量调整配方。

香气浓郁，替肉类除腥添香

# Thai Holy Basil
# 〈 打抛叶 〉

凉拌 煎炒 做酱

打抛叶为唇形科罗勒属下的植物物种之一，为印度圣罗勒的变种，又称泰国圣罗勒，是一种泰国香草，具有特殊浓烈的香气，入菜能去除肉类腥味，最常运用在泰式料理中，做成美味的打抛鸡、打抛猪、打抛牛。

打抛叶因非台湾原生种的植物，加上不易购得，人们对它的认识不够深入，所以在台湾常以香气和味道类似的九层塔替代。事实上，打抛叶的叶子比九层塔细窄许多，末端花朵的样子也不同。如果对打抛叶的滋味很感兴趣，可以到花市的香草专卖摊位或南洋料理食材店寻宝。

## 〈 功能应用 〉

**泰式料理** 泰式国民美食“打抛猪肉”十分闻名，里头使用的圣罗勒叶也因此被称为“打抛叶”或“嘎抛叶”。浓烈芬芳的香气，拌炒成融合酸甜辣咸的打抛料理，非常下饭。

## 〈 保存要诀 〉

· 离土的新鲜打抛叶，应以白报纸或牛皮纸包妥装进密封袋，放进冰箱可冷藏约1-2日，但叶子会随时间氧化变黑，气味也会渐渐变淡，一定要尽快吃完。

· 若为打抛酱，开封后请收进冰箱冷藏保存，取用时以干净干燥的餐具适量挖取。

1 中国台湾较难直接购得打抛叶，可至南洋料理食材店逛逛，或者购买新鲜圣罗勒回家栽种最好。

2 若无法取得打抛叶，可以用九层塔替代，若坚持忠于原味，以市售调制好的打抛酱直接料理亦可。

**Tips**

打抛叶为罗勒家族中的一员，拿来炒蛋或茄子也十分合适。

# 打抛猪肉

**材料**

打抛叶.......... 15g
猪绞肉.......... 250g
蒜头............. 15g
红葱头.......... 10g
红辣椒.......... 10g
棕榈糖.......... 10g
鱼露............. 15mL
柠檬汁.......... 10mL
薄荷叶.......... 5g
青葱............. 5g
白米............. 30g
椰子汁.......... 50mL

**做法**

1. 蒜头、红葱头、红辣椒、青葱切碎备用，白米放入锅内用中火慢慢干炒成金黄色，捣成碎末备用。
2. 起锅放椰子汁煮开后，加猪绞肉一起炒至水分收干，再下蒜头、红葱头、红辣椒碎炒出香味，接着加入棕榈糖、鱼露拌炒。
3. 接下来放入米碎继续炒，最后放打抛叶拌匀，并倒下柠檬汁即可盛盘，上头可撒点薄荷叶、青葱碎。

清新柑橘香，南洋料理的调味三宝之一

# Kaffir Lime Leaf
# 柠檬叶

凉拌 炖煮 热炒

柠檬叶又称莱姆叶，东南亚地区经常使用它的果皮和叶片入菜，替食物增添独特的柑橘芬芳，味道清新持久，最常与南姜、香茅等搭配，是南洋料理中普遍使用的百搭香料，加在沙拉、热炒、汤品及咖喱里，能衬托出菜肴的美味。

柠檬叶呈深绿色或墨绿色，以完全展开、硬化的叶片香气最浓郁，嫩叶香气略差，一般在料理烹调时，可将柠檬叶整片放入，也可剪成细丝或用手撕碎，在一开始烹煮料理的当下就要加入，煮出香味后即可捞起。

中医认为，柠檬叶的味辛甘、属性温，有止咳理气、改善腹胀之效果，有时柠檬叶也会与香茅、迷迭香等制成花草茶，滋味清爽怡人。

## 功能应用

**去腥调味** 柠檬叶适用于海鲜及肉类料理，有助去腥调味、增添风味，烹煮出来的菜肴清新爽口，但叶片口感硬，不适合直接食用。

**萃取精油** 柠檬叶的香气强烈又迷人，提炼的精油气味清新优雅，能帮助人缓解焦虑，并且有舒缓呼吸道不适的效果。

## 保存要诀

· 新鲜柠檬叶放入密封袋或密封盒内，置于冰箱约可冷藏保存两星期；冷冻保存则可以存放长达10-12个月左右。

· 市售的干燥柠檬叶，包装开封后请收入密封袋或密封盒罐内，存放在室内阴凉处即可。

1 台湾的气候较不适宜种植柠檬叶，因此市售柠檬叶多半是从南洋进口的干燥品，干燥后虽然较易保存，但香气也比新鲜柠檬叶略减。

2 购买时可先试闻，并挑选大而完整的叶片，很特别的是，柠檬叶看起来如同两叶相连，此特征称为“单身复叶”。

Tips

柠檬叶散发淡淡柑橘清香，特别适用于烹煮柠檬鱼、绿咖喱鸡等肉类料理，烹调时通常会将整片柠檬叶放入，或是将叶子撕碎、剪丝，煮好后即可捞出。

# 清蒸柠檬鱼

**材料**

鲈鱼......................1 条（700–800g）
柠檬叶..................5 片
新鲜香茅..............2 支
柠檬......................2 个
香菜......................20g
朝天椒..................2 个
蒜头......................5g
鱼露......................30mL
棕榈糖..................5g
盐..........................适量
米酒......................15mL

**做法**

1 食材洗净，将新鲜香茅切段，香菜叶和茎分开，茎切末，朝天椒、蒜头切碎，柠檬一颗半挤汁，另外半颗切片备用。
2 将柠檬汁、鱼露、棕榈糖拌匀，加入朝天椒、蒜头碎和香菜茎末，搅拌成酱汁。
3 鲈鱼去鳞去内脏，从下方鱼肚处往背鳍方向对半剖开不要断，将鱼放上盘子，鱼肚塞柠檬叶和香茅，鱼身抹上盐、米酒腌约 10 分钟。
4 准备蒸锅，水滚放入鱼蒸约 10 分钟后起锅，将调好的酱汁淋在鱼上，并铺上柠檬片、撒香菜叶即可。

# Spanish Paprika
# 〈西班牙红椒粉〉

腌渍 凉拌 炖煮 热炒

## 鲜红色泽诱人，柴烧烟熏香气迷人

色泽红艳的西班牙红椒粉，有“西班牙调味之后”的美称，多采用西班牙 La Vera 地区盛产的红椒制作而成，因当地属地中海型气候，独特的种植环境及柴烧烟熏烘制过程，造就西班牙红椒粉别于一般辣椒粉的辛呛，在微辣中又带些许甜味，木头香气深深渗入，别具西班牙式的活泼热情。

西班牙红椒粉分两种，一种是甜味红椒粉，辣感柔和轻微，另一种则是辣味红椒粉，辣感较重。西班牙红椒粉因色泽鲜艳常用以替料理增色调味，如深红色的西班牙腊肉肠（乔利佐香肠，Chorizo），也常拿来烹调西班牙海鲜饭、炖菜等各式料理，或是与奶油混合成蘸酱、抹酱。

## 〈 功能应用 〉

**诱人色泽及烟熏味** 西班牙红椒粉的色泽鲜红，辛香辣中带甜味，因以木头熏制故散发浓郁烟熏味，许多地中海菜肴喜欢用它上色与调味，如西班牙海鲜炖饭、炖菜，也可拿来料理意大利面与肉类。

**欧风开胃菜** 西班牙红椒粉和橄榄、芝士、烟熏香肠、火腿搭配，就成了美味的开胃前菜，招待朋友或当下酒点心都很合适。

## 〈 保存要诀 〉

· 西班牙红椒粉多以铁罐或玻璃罐装贩售，请将盖子关紧密封，收在阴凉、不被太阳直射的地方。

1 中国台湾没有生产西班牙红椒粉，全数仰赖进口。西班牙红椒粉分辣味与甜味两种，可依个人接受度选择口味及品牌，并注意保存期限。

2 如用量不大或首次尝试，可优先购买小瓶装。

Tips

这道酱汁的香气丰富、口感浓稠，很适合搭配肉类或意大利面，熬煮时要勤于搅拌以避免烧焦。

# 西班牙番茄辣味红椒酱

蘸酱 羊肉 海鲜 鱼肉 鸡肉 猪肉 牛肉 蔬菜 意面

## 材料

番茄碎..................250g
洋葱......................60g
蒜头......................15g
红辣椒..................15g
西班牙红椒粉.......10g
榛果......................15g
橄榄油..................15mL
盐..........................适量
白胡椒粉...............适量

## 如何保存

可事先做好放起来，想吃随时取用。做好的酱室温下可放8小时，冷藏1–2周。

## 做法

1 食材洗净，洋葱、蒜头、红辣椒、榛果都切碎。
2 起锅加入橄榄油，以中火炒香洋葱、蒜头、红辣椒碎，再放西班牙红椒粉、番茄碎，煮开后转小火继续煮约10分钟。
3 加入盐、白胡椒粉调味，最后加入榛果碎即可。

# Hungarian Paprika

# 〈匈牙利红椒粉〉

腌肉 凉拌 炖煮 烧烤

## 香而不辣，具有水果甜香味

匈牙利红椒粉又称红甜椒粉、红椒粉，呈浓厚的枣红色，是红甜椒经处理烘干后再磨成细致的粉末，香气浓郁却不呛辣，口味略微偏甜，带一些水果香味，用途非常广泛。

虽名为匈牙利红椒粉，但目前栽植的地区以美国、匈牙利及摩洛哥等地居多，植株因生长地的气候、温度、土壤等条件不同，结出的红椒果实味道、色泽也有差异，擅长运用辛香料者认为，红椒粉的用途广度和频繁度不逊于胡椒，不仅可以添香、增色、拿来爆香，更是匈牙利人腌渍肉类、烹煮炖菜及炖饭、汤品不可或缺的好伙伴。

## 功能应用

**调味食物** 料理时加入些许匈牙利红椒粉，能让料理香气四溢，常用在沙拉、煮汤、烧烤、炖煮料理里，如匈牙利牛肉饭、经典鱼汤、红椒炖鸡等，闻起来辛香，实则香甜，是极具特色的调味香料。

**配色增香** 因匈牙利红椒粉的鲜艳色泽，入菜能为食物增色，调理出更令人食欲大开的色香味。

## 保存要诀

· 匈牙利红椒粉多以铁罐或玻璃罐原装贩售，请将盖子关紧密封，收在阴凉、不被太阳直射的地方。

Check!

**挑选技巧**

1 中国台湾没有生产匈牙利红椒粉，全数仰赖进口。可依个人喜好选择品牌，颜色越饱满越佳，并请注意保存期限。

2 如用量不大或首次尝试，可优先购买小瓶装。

Tips

加入面糊后一定要转小火，以免产生焦味。这里所指的酸奶油（sour cream），也常用于制作甜点，在一般超市、食材店皆可购得。

# 匈牙利甜椒鸡

### 材料

去皮鸡胸肉 ........... 200g
洋葱 ........................ 80g
蒜头 ........................ 15g
红辣椒 .................... 15g
匈牙利红椒粉 ....... 20g
酸奶油 .................... 80g
液态鲜奶油 ........... 80mL
水 ........................... 250mL
中筋面粉 ............... 40g
盐 ........................... 适量
白胡椒粉 ............... 适量
橄榄油 .................... 15mL

### 做法

1 食材洗净，洋葱、蒜头、去籽红辣椒，都切成碎备用。
2 鸡胸肉切成块，另将酸奶油、鲜奶油、中筋面粉拌匀成面糊。
3 起锅放入橄榄油，以中火炒香洋葱、蒜头、红辣椒碎，再放入匈牙利红椒粉拌炒，之后加入水。
4 煮开后放入鸡胸肉块，以小火慢煮至鸡胸快熟，再拌入面糊搅拌，最后添加盐、白胡椒粉调味。

# 腌渍去腥好方便，实用的万能香草

## Rosemary
## 迷迭香

腌渍 香煎 烧烤

有着美丽名字的“迷迭香（Rosemary）”，在国外常以此替女性取名。迷迭香拥有馥郁独特的香气，叶子外形如针叶树般细长，味道甜中带些微苦，栽种上相当耐旱，需要充足日照、良好通风与水分，很容易照顾，许多喜爱迷迭香风味者，都会自行在窗台或院子栽种，当成常备的烹饪新鲜调味香草。

新鲜迷迭香以手搓揉叶片，或是摘下洗净剁碎，都有助释放独特的香气，但料理时须注意，迷迭香放太多加热后易变苦，大约每 100 克的食材，建议搭配 2-3 克的迷迭香即可，以免食物的美味变调。除了应用在料理上，迷迭香也可萃取成精油，应用于芳疗薰香、泡澡，或添加于香水、香皂、洗发精等护肤保养品中。

## 功能应用

**除腥增香** 无论新鲜或干燥的迷迭香叶，都散发馥郁的香气，可单独用在肉类、鱼、海鲜的除腥增香上，如干煎迷迭香鸡腿、迷迭香羊排等。

**烘焙点心** 迷迭香可加入面团制作面包或烘焙点心，如佛卡夏等。

**香料调味品** 迷迭香浸渍于橄榄油、醋或盐中，分别可制成烹饪用的香草油、香草醋及香草盐，提升料理风味。

**纾压花草茶** 复方花草茶中，迷迭香常是其中一味配方，泡成花草茶喝有些许酸味，但香气让人舒适放松。

## 保存要诀

· 使用新鲜的迷迭香最好，若离土则以白报纸包好，置入冰箱冷藏可保鲜约 2–3 日。

· 干燥迷迭香请将盖口密封好，置于室内阴凉通风、不被太阳直射处。

1 新鲜迷迭香请挑选叶片翠绿、没有干枯的。许多人亦会在自家阳台栽种一盆，需要时随手摘取就有新鲜香料可用。

2 中国台湾较少生产干燥迷迭香，市面上常见的进口产品，可依个人喜好选择品牌，并注意保存期限。如用量不大，可优先购买小瓶装。

适合炖煮料理，且有矫臭驱虫作用

Bay Leaf

# 月桂叶

焖煲 炖煮 烟熏

月桂叶又名玉桂叶、桂树叶，是从月桂树上采摘下来的叶子，在古希腊罗马时期象征着智慧与胜利的荣耀。

新鲜的月桂叶片香气温和宜人，切碎或干燥后，香味则变得更加浓烈，料理时遇热能释放出更多香味，是欧洲、地中海、中东、南洋各地极为常见的调味香料，浓郁香气适合烹煮西式、法式、地中海式、印度料理，如炖牛肉、罗宋汤等，可帮助食材去腥味增香。

中国台湾几乎不产月桂叶，市面上的产品多数仰赖进口，除了月桂叶外，有些超市亦有贩售月桂叶粉的，是将干燥月桂叶研磨成细致的粉末，可与盐混合制成月桂盐，添加在料理里面香气十足。

## 〈 功能应用 〉

**去腥增香** 月桂叶有去腥增香之作用，适合调理肉类、海鲜和蔬菜，常用于煲汤、炖煮、腌渍，通常是整片叶子直接放入，或将带茎的月桂叶综合其他香草以棉线绑成束入锅炖煮，料理完成后捞起。

**切碎磨粉味道更香** 将月桂叶切碎或磨粉，有助释出更多香味，通常一锅用 1-2 片已足够，但因磨粉后的叶渣口感不好，建议以纱布茶包包裹以便取出。

**防腐驱虫** 月桂叶的特殊香气，具有极佳的矫臭性与防腐驱虫作用，不妨试着在米桶中放一片干燥月桂叶，可以预防米虫侵袭。

## 〈 保存要诀 〉

· 新鲜月桂叶可收进冰箱冷藏，或置于室内通风阴凉处，当叶子自然风干，香气也会逐渐减淡。

· 干燥月桂叶请收入密封袋或密封罐内，置于阴凉干燥处或冰箱冷藏，避免受潮影响风味。

1 无论新鲜或干燥月桂叶，都尽量挑选香气充足且叶片平整肥厚无破损者。

2 除超市和食材店外，其实到中药店也能购得月桂叶。

Tips
蒜头、新鲜迷迭香清洗过后一定要擦干，以免生水滋生细菌，如此做出来的蒜油才不会迅速变质。
A
B
Tips
如喜好蒜味，可加 1-2 瓣剁碎的蒜头碎，即可增添风味。腌肉时将腌料均匀涂抹在肉类正反两面帮助入味，料理前将月桂叶拿起即可。

热炒 烧烤 腌渍 羊肉 鸡肉 猪肉 牛肉 蔬菜 饭面 菇类 鸡蛋

# A 月桂叶腌料

使用月桂叶

材料

月桂叶.......... 2 片
黑胡椒粒...... 5 粒
橄榄油.......... 100mL
粗盐............. 适量
白酒............. 20mL

如何保存

使用前适量制作即可。做好的酱室温下可放 8 小时，冷藏可放 1–2 周。

做法

把全部材料混合搅拌均匀即可。

蘸酱 火锅 海鲜 鱼肉 鸡肉 猪肉 牛肉 面包 意面 鸡蛋

# B 迷迭香蒜油

使用迷迭香

材料

蒜头................. 30g
新鲜迷迭香...... 10g
橄榄油.............. 200mL
盐...................... 适量

如何保存

可事先做好放起来，想吃随时取用。做好的酱室温下可放 8 小时，冷藏 1 周。

做法

1 蒜头去皮洗净、新鲜迷迭香洗净，用纸巾擦干。
2 起锅放入橄榄油，用小火炒蒜头煸出香味，再放新鲜迷迭香，接着加盐拌匀，放冷即可装瓶。

**Tips**

汤煮至甜菜根熟透再放马铃薯，是因为甜菜根难熟，需要的烹煮时间长，如先放马铃薯会煮至熟透化掉。

# 罗宋汤

### 材料

月桂叶..........2 片
牛肋条..........60g
番茄碎..........80g
洋葱.............60g
卷心菜..........60g
胡萝卜..........30g
白萝卜..........30g
马铃薯..........30g
甜菜根..........30g
酸奶油..........15g
蔬菜油..........15mL
盐.................适量
白胡椒粉......适量
水.................350mL

### 做法

1. 洋葱、卷心菜、胡萝卜、白萝卜、马铃薯、甜菜根都切成丁片状。
2. 牛肉放入水里，用大火煮开后转小火继续煮 10 分钟，将牛肉捞出切丁片状，汤留作高汤备用。
3. 起锅放入蔬菜油，以中火炒香洋葱、胡萝卜、白萝卜、卷心菜、甜菜根，再加月桂叶、番茄碎，并倒入高汤煮开。
4. 接着放入牛肉煮约 20 分钟，加马铃薯煮至熟再以盐、白胡椒粉调味。
5. 将汤盛碗，上头放点酸奶油即可。

# 番茄、鱼肉、意大利面的速配好伙伴

## Basil
## 罗勒

凉拌 煎炒 做酱

罗勒有“香草之王”的美称，中国台湾人常将它与九层塔混淆，实质上罗勒的气味较为温和，品种如甜罗勒、柠檬罗勒、紫罗勒、圣罗勒、绿罗勒、肉桂罗勒等，种类繁多，其中又以气味清甜的“甜罗勒”最常见，广泛运用在各国的香草料理中，最经典的即为青酱意大利面。

翠绿鲜嫩的罗勒，一遇热便容易氧化变黑，导致风味迅速变淡，因此建议熄火起锅前适量加入，香气十足又能保持色泽；另外，也有人会制作油渍罗勒番茄干、罗勒辣椒油等，利用橄榄油将食材的色香味封存起来。

与番茄口味非常速配的香料还有奥勒冈（Oregano），奥勒冈又名比萨草、花薄荷，气味独特似柠檬与紫苏般芳香，常和罗勒一起用在比萨调味上。

奥勒冈

## 功能应用

**搭配番茄和肉类** 罗勒的香气、味道与番茄及鱼肉海鲜类最搭，可用于制作沙拉、比萨、意大利面等，如玛格丽特比萨、沙拉佐罗勒油醋酱等，在东南亚料理，如越南河粉中也常见到。

**青酱意大利面** 甜罗勒搭配松子、蒜头、橄榄油、盐等制成意大利青酱，或和其他香草综合调制成香草酱、油醋酱、香草油，拿来拌面或蘸面包都很美味。

**调配香草茶** 柠檬罗勒适合冲泡香草茶，气味清爽解油腻，对消化和呼吸系统有帮助。

## 保存要诀

· 离土的新鲜罗勒，应装进塑料袋或保鲜盒里收入冰箱冷藏，可保存1–2日，请在气味逐渐变淡、叶子氧化变黑前尽快吃完。

· 干燥罗勒多为粉末状，以瓶罐或密封袋盛装，开封后应密封好，置于室内阴凉通风处常温保存，避免太阳直射。

挑选技巧

1 一般市场上较少贩售甜罗勒，如果可以，以自家栽种的新鲜罗勒最好。

2 新鲜罗勒应叶片完整、茎叶翠绿不干燥，无萎软、氧化变黑的情况较佳。

## A 青酱奶油抹酱

沙拉 火锅 **抹酱** 海鲜 鸡肉 猪肉 牛肉 蔬菜 **面包** 菇类 鸡蛋

### 材料

无盐奶油.........120g
新鲜罗勒叶.....15g
蒜头................5g
松子................15g
盐.....................适量
白胡椒粉.........适量

### 如何保存

可事先做好放起来，想吃随时取用。做好的酱室温下可放 1 小时，冷藏 1–2 周，冷冻 2–3 个月。

### 做法

1 无盐奶油在室温下放软，蒜头、罗勒叶、松子都切成碎备用。
2 将所有食材混合均匀，同时加盐、白胡椒粉调味拌匀，做好后即可收入冰箱，需要就随时取用。

## B 蒜味罗勒油醋

**沙拉** 火锅 蘸酱 海鲜 鸡肉 猪肉 牛肉 蔬菜 **面包** 鸡蛋

### 材料

蒜头.............. 5g
罗勒叶.......... 5g
柠檬汁.......... 15mL
红酒醋.......... 15mL
橄榄油.......... 90mL
盐.................. 适量
白胡椒粉...... 适量

### 如何保存

使用前适量制作即可。做好的酱室温下可放 2 小时，冷藏 6 小时。

### 做法

1 蒜头、罗勒叶洗净，切碎备用。
2 盐、白胡椒粉、红酒醋、柠檬汁搅拌均匀，再放橄榄油、蒜头、罗勒碎一起拌匀，静置 15–20 分钟待入味即可。

Tips

罗勒较容易氧化变黑，做成酱也不适合在冰箱冰太久，要尽快食用完毕。

Tips

如果一次做的抹酱分量大，可用烘焙纸将做好的青酱奶油抹酱卷起，收入冰箱冷藏或冷冻。

专栏

## 口味百变的意大利面

### 奶油白酱

**[ 材料 ]**

鲜奶　550mL
液态鲜奶油　250mL
无盐奶油　100g
中筋面粉　100g
盐　适量
豆蔻粉　适量

**如何保存**

做好的酱室温下可放8小时，冷藏2-3周，冷冻2-3个月。

**[ 做法 ]**

1 先将鲜奶和鲜奶油倒入锅中同煮。

2 另取一锅放入无盐奶油，加热溶化后放中筋面粉拌匀，再加入步骤1中煮好的鲜奶和鲜奶油，以小火边搅边拌，放点豆蔻粉和盐调味，煮成绵滑的白酱即可。

**Tips**

炒面粉时火不能太大，否则容易烧焦。

### 番茄红酱

**[ 材料 ]**

罐装番茄碎　350g
洋葱　80g
蒜头　15g
干燥奥勒冈　5g
盐　适量
白胡椒粉　适量
白砂糖　5g
橄榄油　15mL

**如何保存**

做好的酱室温下可放8小时，冷藏2-3周，冷冻2-3个月。

**[ 做法 ]**

1 洋葱、蒜头切碎，起锅放入橄榄油炒香蒜头和洋葱碎。

2 加番茄碎拌炒，放奥勒冈煮约10分钟，加盐、白胡椒粉拌匀即可。

**Tips**

买市售的罐装番茄碎就很好用，干燥奥勒冈碎在一般超市可购得。

## 波隆纳肉酱

[ 材料 ]

牛绞肉　250g
猪绞肉　250g
洋葱　120g
蒜头　15g
罐装番茄碎　120g
罐装番茄糊　60g
胡萝卜　60g
西芹　60g
红酒　120mL
月桂叶　1 片
干燥奥勒冈　3g
橄榄油　30mL
水　600mL
盐　适量
白胡椒　适量

如何保存

做好的酱室温下可放 8 小时，冷藏 1–2 周，冷冻 1–2 个月。

[ 做法 ]

1 洋葱、蒜头、西芹、胡萝卜切碎。起锅加橄榄油炒洋葱、蒜头碎，再放胡萝卜碎、西芹碎炒香，接着加牛绞肉、猪绞肉炒熟。

2 加入红酒、番茄糊拌炒，再放番茄碎、月桂叶、奥勒冈，并加入水煮开后转小火慢煮，最后以盐、白胡椒粉调味即可。

Tips

牛绞肉与猪绞肉混合使用，香气和口感会更足，如不吃牛肉，可只用猪绞肉。

## 香浓南瓜酱

Tips

为了让面条充分沾裹到酱料，建议可选用瓜肉带黏性的东洋南瓜或东升南瓜，这两个品种的南瓜特别适合做意大利面酱。

[ 材料 ]

南瓜　250g
洋葱　60g
无盐奶油　15g
液态鲜奶油　80mL
水　250mL
盐　适量
白胡椒粉　适量

如何保存

做好的酱室温下可放 6 小时，冷藏 1–2 周，冷冻 1–2 个月。

[ 做法 ]

1 南瓜去皮切丁，洋葱切碎。起锅加入无盐奶油炒香洋葱碎、南瓜丁。

2 加入水，煮开后转小火至南瓜软化，用果汁机打成泥状，再以盐、白胡椒粉调味，并加入鲜奶油拌匀。

专栏

## 〈口味百变的意大利面〉

### 洋葱野菇酱

**[ 材料 ]**

新鲜香菇　60g
洋菇　60g
秀珍菇　30g
洋葱　30g
蒜头　15g
罐装番茄碎　160g
鲜奶油　60mL
橄榄油　15g
盐　适量
白胡椒粉　适量

**如何保存**

做好的酱室温下可放 2 小时，冷藏 6 小时。

**[ 做法 ]**

1 新鲜香菇、洋菇、秀珍菇切片，洋葱、蒜头切碎，备用。

2 起锅先放橄榄油炒香三种菇类，再加洋葱、蒜头碎炒至变软，接着放入番茄碎，再倒入鲜奶油煮开，转小火煮约 15 分钟后加盐、白胡椒粉调味。

### 鲜味墨鱼酱

**[ 材料 ]**

墨鱼汁　15mL
洋葱　50g
蒜头　15g
白酒　100mL
橄榄油　10mL
月桂叶　1 片
盐　适量
白胡椒　适量
高汤　150mL

**如何保存**

做好的酱室温下可放 2 小时，冷藏 6 小时。

**[ 做法 ]**

1 洋葱、蒜头切碎，备用。起锅放入橄榄油，炒香洋葱、蒜头碎。

2 再加白酒煮至酒精蒸发，接着放高汤用慢火煮至剩一半，此时加入月桂叶、墨鱼汁、盐、白胡椒调味即可。

## 松子青酱

**[ 材料 ]**

罗勒叶　120g
松子　60g
橄榄油　150mL
蒜头　10g
帕玛森芝士粉　20g
盐　适量
黑胡椒碎　适量

**如何保存**

做好的酱室温下可放3–6小时，冷藏1–2天。

**[ 做法 ]**

1 准备料理机或果汁机，将洗净的罗勒叶、蒜头、橄榄油放入用慢速打，再加松子打匀。
2 之后再放帕马森芝士粉、盐、黑胡椒碎拌匀即可。

## 鲜虾意大利面酱

**[ 材料 ]**

新鲜小虾　120g
洋葱　20g
胡萝卜　20g
西芹　15g
蒜头　10g
罐装番茄糊　15g
白酒　15mL
中筋面粉　15g
高汤　250mL
月桂叶　1片
无盐奶油　10g
鲜奶油　20mL
盐　适量
白胡椒粉　适量

**[ 做法 ]**

1 食材洗净，洋葱、胡萝卜、西芹切小块，蒜头切碎，备用。
2 起锅放入无盐奶油，先加新鲜小虾炒至虾壳变红、香味散发。
3 再放蒜头碎、洋葱、胡萝卜、西芹一起拌炒，接着加番茄糊拌炒均匀。
4 月桂叶放入，再加中筋面粉拌炒，接着放白酒、高汤炒好后转大火让酱汁煮开，之后转小火继续煮约25分钟再过滤留汁，虾和蔬菜都不要。
5 在酱汁中加入鲜奶油煮开，以盐、白胡椒粉调味。

**如何保存**

做好的酱室温下可放6小时，冷藏2–3周，冷冻3–5个月。

# 明太子白酱意大利面

白酱延伸运用

## 材料

白酱.............. 100g
意大利面...... 160g
水.................. 1L
橄榄油.......... 15mL
盐.................. 适量
白胡椒粉...... 适量
明太子.......... 50g
海苔丝.......... 5g
七味粉.......... 适量

## 做法

1 取一锅放水煮开后加入橄榄油、盐，水滚后放意大利面慢慢搅拌，面条煮约 12 分钟即可捞起（可视个人喜好的软硬度调整煮的时间长短）。

2 将煮好的面捞起滤去水分，再放白酱和明太子拌匀即可盛盘，食用前上头撒点海苔丝与七味粉。

Tips

意大利面加入白酱和明太子后，
火不能开太大，否则很容易出油。

# 懂得换算分量，调出准确好味道

想要调出好味道，首先要弄懂容积与重量的换算关系。本书食谱多以最常用的公克、公斤、毫升、公升为单位，帮助大家计算更精准，假使手边没有量杯，运用量匙或茶匙也能达到相同的效果。当然，酱料配方其实没有标准答案，自己多尝试，人人都能调制出独一无二的好滋味。

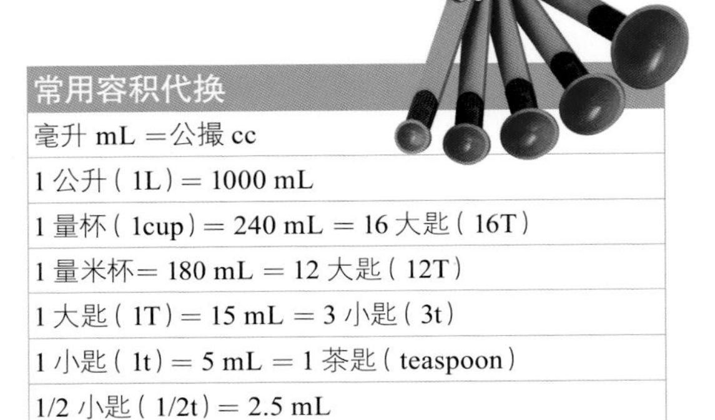

| 常用容积代换 |
|---|
| 毫升 mL ＝公撮 cc |
| 1 公升（1L）＝ 1000 mL |
| 1 量杯（1cup）＝ 240 mL ＝ 16 大匙（16T） |
| 1 量米杯＝ 180 mL ＝ 12 大匙（12T） |
| 1 大匙（1T）＝ 15 mL ＝ 3 小匙（3t） |
| 1 小匙（1t）＝ 5 mL ＝ 1 茶匙（teaspoon） |
| 1/2 小匙（1/2t）＝ 2.5 mL |
| 1/4 小匙（1/4t）＝ 1.25 mL |

* 一般量杯满杯为 240mL，日式量杯满杯为 200mL，略有不同。

| 常用重量代换 |
|---|
| 公克＝ g，公斤＝ kg |
| 1 公斤（kg）＝ 1000 公克（g） |
| 1 市斤＝ 500 公克＝ 0.5 公斤 |
| 1 台斤＝ 16 两＝ 600 公克 |
| 半台斤＝ 8 两＝ 300 公克 |
| 1 两（台）＝ 37.5 公克 |
| 1 公斤（kg）＝约 2.2 磅（lb） |
| 1 磅（lb）＝ 453.59 公克＝约 12 两＝ 16 盎司（oz） |
| 1 盎司（oz）＝ 28.35 公克 |

常用食材的容积与重量比

| | 1 小匙（1t） | 1 大匙（1T） | 1 量杯（1cup） |
|---|---|---|---|
| 水 | 5 公克 | 15 公克 | 240 公克 |
| 食用油 | 4.5 公克 | 14 公克 | 220–225 公克 |
| 奶油 | 4.5–5 公克 | 14.5 公克 | |
| 鲜奶 | 4.5 公克 | 14 公克 | 220–225 公克 |
| 食盐 | 4.4 公克 | 13 公克 | 205–210 公克 |
| 细砂糖 | 4 公克 | 12 公克 | 190–195 公克 |
| 蜂蜜 | 6–7 公克 | 20 公克 | 320 公克 |
| 面粉 | 2.5 公克 | 7 公克 | 110–115 公克 |
| 鸡蛋 | 小颗约 50–55 公克 | 中颗约 56–65 公克 | 大颗约 66–75 公克 |

*一般食谱预设一颗鸡蛋的重量为 60 公克。

# 学会容器消毒法，新鲜美味保存更久

自制酱料用料实在，添加物少，自用或送人都很适宜。从卫生与保存方面考量，避免费心精制的美味酱料迅速变质，事先一定要彻底执行消毒步骤，若是刚煮好的酱趁热装瓶，装至8-9分满可锁紧瓶盖倒扣，使瓶内产生真空效果，延长保存期限。做好的酱趁新鲜食用完毕最棒，开封后应收进冰箱冷藏，以免久放变质哦！

## 蒸汽消毒法

若家里恰好有宝宝的奶瓶消毒锅，可利用蒸汽高温达到消毒作用，完成后再利用消毒锅本身的烘干功能弄干瓶子，或取出倒置风干即可。

## 紫外线消毒法

有的烘碗机具紫外线消毒功能，但消毒时要避免同时堆叠太多餐具形成死角，造成消毒不全。另外，橡胶制品长期、多次经紫外线暴晒可能变质，如盒罐上有橡胶配件应留意。

## 煮沸消毒法

**Step 1 玻璃罐入锅煮沸**

比起塑料，玻璃耐酸、抗油、能承受高温，是稳定度极佳的材质，但要注意的是，玻璃瞬间承受过大温差易爆裂，所以消毒时要将玻璃罐“冷水入锅”，一开始就入锅与冷水同煮至沸腾，以达消毒效果。

**Step 2 起锅前消毒盖子**

水加热至沸腾后，罐子留在锅内煮10分钟彻底消毒，并于起锅前30秒将瓶盖放入略烫一下（通常盖子内缘有帮助密合的橡皮圈，不耐长时间加热，故烫一烫消毒即可）。

**Step 3 倒扣静置风干**

小心将玻璃罐与瓶盖夹起，倒置在通风的不锈钢架上，静置待其完全自然风干。除了玻璃罐，用玻璃保鲜盒盛装亦可。

# 【索引】料理分类

## 小菜 & 轻食



## 肉类

### 酱



### 料理



## 鱼 & 海鲜

### 酱



### 料理

## 蔬菜 & 豆制品



## 炖卤



## 烧烤



## 火锅 & 汤品



## 米饭面食

## 沾抹淋腌酱



## 甜品 & 饮料